Elisabeth Heite

Bürgerschaftliches Engagement
ältere Menschen im Stadtteil

Gender and Diversity

Herausgegeben von
Prof. Dr. Marianne Kosmann, Prof. Dr. Katja Nowacki
und Prof. Dr. Ahmet Toprak, alle Fachhochschule Dortmund

Band 5

Elisabeth Heite

Bürgerschaftliches Engagement älterer Menschen im Stadtteil

Gleiche Beteiligungschancen und Mitgestaltungsmöglichkeiten für alle?

Centaurus Verlag & Media UG

Bibliografische Informationen der Deutschen Nationalbibliothek
Die Deutsche Nationalbibliothek verzeichnet diese Publikation in der
Deutschen Nationalbibliografie; detaillierte bibliografische Daten sind
im Internet über http://dnb.d-nb.de abrufbar.

Gedruckt auf säurefreiem und chlorfrei gebleichtem Papier.

ISBN 978-3-86226-127-7   ISBN 978-3-86226-998-3 (eBook)
DOI 10.1007/978-3-86226-998-3
ISSN 2192-2713

© *CENTAURUS Verlag & Media KG, Freiburg 2012*
www.centaurus-verlag.de

Umschlaggestaltung: Jasmin Morgenthaler, Visuelle Kommunikation
Umschlagabbildung: Fotos: Uwe Jesiorkowski, Gestaltung: Hans-Jörg Nisch
Satz: Vorlage der Autorin

Inhalt

Abbildungen

Tabellen

Vorwort

Gerne verfassen wir zur vorliegenden Publikation der Studie von Elisabeth Heite zum Thema „Bürgerschaftliches Engagement älterer Menschen im Stadtteil" ein gemeinsames Vorwort.

Die Arbeit von Frau Heite ist inhaltlich eingebunden zum einen in die Debatten zum demographischen Wandel (Stichworte: Schrumpfung und Alterung der Gesellschaft), zum anderen in den Diskurs über das bürgerschaftliche Engagement von Seniorinnen und Senioren und dessen wohlfahrtsstaatlichen Status. So sind ältere Menschen in der nachberuflichen Phase in relativ hohem Masse und in mannigfaltiger Weise freiwillig bürgerschaftlich engagiert und übernehmen soziale Verantwortung. Hiermit verbunden sind einerseits Chancen, sowohl für ein individuell befriedigendes Leben im „Ruhestand" als auch für die Lösung verschiedener gesellschaftlicher Probleme. Auf der anderen Seite ist hier aber durchaus die Gefahr einer Instrumentalisierung der Potenziale des Alters gegeben, die im Rahmen einer auf Aktivierung setzenden Sozialpolitik als erforderlich erachtet und dementsprechend propagiert werden. Die Studie bewegt sich in diesem Spannungsverhältnis, des Weiteren auch auf dem Feld sozialwissenschaftlicher Ungleichheitsforschung – sie bezieht sich auf den Zusammenhang von lebenslagebedingten Unterschieden und dem Engagement älterer Menschen, dies mit Fokus auf das städtische Gemeinwesen.

Anhand eines empirischen Fallbeispiels (Seniorenvertreter/Nachbarschaftsstifter in Gelsenkirchen) fragt die Autorin nach den (förderlichen) Rahmenbedingungen für freiwilliges bürgerschaftliches Engagement von Seniorinnen und Senioren und dessen Bedeutung für die Engagierten. Folgt man der einschlägigen Literatur, sind es in erster Linie ältere Menschen mit einer guten finanziellen Absicherung, einem guten Bildungs- und Gesundheitsstatus, die eine vergleichsweise hohe Bereitschaft zeigen, sich sozial zu engagieren. Auf diese Weise kommt dem Bürgerengagement im Alter ein Ungleichheit fördernder Stellenwert zu. Die Ergebnisse der Studie von Frau Heite widersprechen diesen Zusammenhängen jedoch in deutlicher Weise. Die Befragten verfügen weder über einen hohen Bildungsabschluss noch über ein ausreichend hohes Einkommen. Zudem sind sie gesundheitlich beeinträchtigt. Wie lassen sich diese Befund erklären? Offensichtlich ist ein Gleichheit förderndes Engagement Älterer an spezifische Voraussetzungen und Ermöglichungsbedingungen (Nahraumbezug, Anerkennung, Wertschätzung etc.) geknüpft. Die Erklärungen hierzu, die die Autorin im Zuge ihrer qualitativen Datenanalyse aufführt, sind sehr instruktiv und beachtenswert.

Prof. Dr. Luitgard Franke   Prof. Dr. Harald Rüßler

Dortmund, im März 2012

Einleitung

Im Zeichen der Herausforderungen einer „langlebigen" (Kocka/Brauer 2008: 6) Gesellschaft wird die Produktivität des Alters neu und stärker diskutiert und bürgerschaftliches Engagement als eine Form der Verantwortungsübernahme älterer Bürgerinnen und Bürger angesehen, sich aktiv an der Entwicklung der Gesellschaft zu beteiligen. Ihr Engagement wird mittlerweile als unverzichtbar für die Gesellschaft erachtet. Für Ältere entstehen so neue Chancen, andererseits werden auch neue Erwartungen an sie geweckt.

Der verstärkte Ruf nach Engagement und Beteiligung der BürgerInnen ergeht auf dem Hintergrund einer Wiederentdeckung der Zivilgesellschaft. Dies kann durchaus ambivalent betrachtet werden. Einerseits ist damit die Hoffnung auf eine neue Form vergesellschafteter Verantwortlichkeit und damit einhergehender Mitentscheidungsmöglichkeiten verbunden. Bürgerschaftliches Engagement dient der zivilgesellschaftlichen Integration. Andererseits besteht die Gefahr, dass bürgerschaftliches Engagement instrumentalisiert wird und Ältere unter den Druck einer Neuverpflichtung geraten, in der ihnen ganz bestimmte Rollen und Aufgaben zugedacht werden und eine Verantwortungsverlagerung von sozialstaatlichen Aufgaben aus der öffentlichen in die private Zuständigkeit vorgenommen wird (Fehren 2008: 12).

Ist Förderung bürgerschaftlichen Engagement Älterer erklärtes Ziel, wie dies auch die Bundesregierung formuliert (BMFSFJ 2011: 1), dann muss mit bedacht werden, dass bürgerschaftliches Engagement Älterer nicht voraussetzungslos ist. Empirische Daten zeigen, dass Angebote und Beteiligungschancen häufiger von jenen wahrgenommen werden, die besser ausgebildet und ausgestattet sind (Karl 2008: 193). Es ist zu fragen, wie Formen bürgerschaftlichen Engagements aussehen, die die Beteiligung Älterer auf breiter Basis fördern und ihnen „barrierefrei" oder „Barrieren abbauend" Partizipation ermöglichen. Es ist zu klären, welche Faktoren es dabei zu berücksichtigen gilt, denn nicht alle Bevölkerungsgruppen profitieren bislang in gleicher Weise von einer Engagement-Förderung, noch liegt die Quote ihres Engagements in vergleichbarer Höhe.

Eine besondere Verantwortung für ihre Bürgerinnen und Bürger haben die Kommunen. Ihnen obliegt die Daseinsvorsorge gemäß Artikel 28 des Grundgesetzes. „Dort wo das Leben in seiner konkreten Vielfalt stattfindet, wo die Folgen demographischer Megatrends unmittelbar erlebt werden, müssen nicht nur die entsprechenden politischen, infrastrukturellen und administrativen Voraussetzungen, sondern auch geeignete Beteiligungsformen für Ältere geschaffen, erweitert und verbessert werden." (Naegele 2010: 98) Doch nicht alle Kommunen stehen vor den gleichen Herausforderungen. So ist die demografische Entwicklung hierzulande im europäischen Vergleich am weitesten fortgeschritten (DSTATIS 2011: 13). Dies trifft insbesondere für das Ruhrgebiet zu, weshalb diese Region auch als „Laboratorium" und „Experimentierfeld" angesehen wird, um Modelle und Handlungskonzepte zu entwickeln, wie Schrumpfungs- und Alterungsprozesse der Bevölkerung zukunftsweisend und innovativ bewältigt werden können (Heinze/Naegele 2010: 39ff.).

Auch Gelsenkirchen, gehört zu den schrumpfenden und alternden Städten des Ruhrgebiets. Im Jahre 2005 hat die Politik mit einem Masterplan Seniorenarbeit auf die Herausforderungen der demografischen Entwicklung reagiert und begonnen, die Chancen des Wandels ins Auge zu fassen und zu nutzen. Ressourcen Älterer sollen in Gelsenkirchen gefördert und stärker genutzt werden, ihre Selbstständigkeit soll ermöglicht werden, ebenso soll die Seniorenwirtschaft eine Förderung erfahren (Reckert 2005: 7). Im Leitbild des Masterplans Seniorenarbeit wurde festgehalten, dass die Beteiligung aller Bevölkerungsgruppen am öffentlichen Leben und an den kommunalen Entscheidungen dem Ideal einer solidarischen Stadt entspricht (Reckert 2005: 3). Eine der zentralen Aufgaben der mit dem Masterplan neu geschaffenen Stelle des Senioren- und Behindertenbeauftragten ist es, dafür zu sorgen, dass funktionierende Netzwerke entstehen, um so die kommunalen Lebensverhältnisse älterer Menschen nachhaltig zu sichern und langfristig zu verbessern (Reckert/Sdun 2010: 227). Partizipation und Barrierefreiheit werden als die beiden Leitideen des Masterplans benannt, worunter ausdrücklich auch der Abbau von sozialer Ausgrenzung und Diskriminierung verstanden wird (Reckert/ Sdun 2010: 227). Als eine der Kommunen, in der der gesellschaftliche Alterungsprozess der durchschnittlichen bundesweiten Entwicklung vorausgeeilt ist, beschreitet Gelsenkirchen neue Wege der Bürgerbeteiligung älterer Menschen, u.a. sind „Seniorenvertreterinnen/Nachbarschaftsstifter" gewonnen und mit ihnen quartiersnahe Anlaufpunkte für ältere Menschen geschaffen worden.

Da die Stadt Gelsenkirchen eine wissenschaftliche Begleitung ihres seniorenpolitischen Reformprozesses wünscht, ist sie Praxispartner des im Jahre 2010 begonnene und auf drei Jahre befristete Forschungsvorhaben Lebensqualität Älterer im Wohnquartier (LiW) der Fachhochschule Dortmund, Fachbereich Angewandte Sozialwissenschaften, Projektleiter Prof. Dr. rer. pol. Harald Rüßler (Dipl. Ökonom sozialwissenschaftlicher Richtung/Dipl. Sozialgerontologe).

Die Idee zur Studie hat sich im Kontext dieses Forschungsprojektes und der dortigen Mitarbeit der Autorin, sowie im Rahmen des in Gelsenkirchen (Büro des Senioren- und Behindertenbeauftragten, Herr Dr. Reckert) absolvierten Praxismoduls entwickelt. Der Entstehungszusammenhang wird im Folgenden kurz erläutert.

Wie oben erwähnt, gehört es zu den Leitgedanken der Seniorenarbeit in Gelsenkirchen alle Bevölkerungsgruppen Älterer am öffentlichen Leben und kommunalen Entscheidungen zu beteiligen. Zudem findet die Vielfalt des Alters als ein zentraler Aspekt Eingang in die Forschungsfragen und Annahmen des LiW-Projekts. „Lebensqualität im Sozialraum wird im Projekt daran gemessen, ob und in welchem Ausmaß die Vielfalt des Alters (ältere Männer und Frauen, Hochaltrige, SeniorInnen mit Zuwanderungsgeschichte, demenziell veränderte Menschen u.a.) handlungsleitend ist." (Rüßler/Köster 2010)

Die Frage ist nun, ob sich diese Bandbreite auch im bürgerschaftlichen Engagement im Stadtteil wiederfindet bzw. in wieweit auch benachteiligte Bevölkerungsgruppen älterer Bürgerinnen und Bürger bei der Förderung solch neuer Formen bürgerschaftlichen Engagements berücksichtigt werden. Geschieht solches, kann damit einer weiteren Zunahme sozialer Ungleichheit im Alter vorgebeugt werden. Es besteht sogar die berechtigte Hoffnung, bestehende Ungleichheiten abzumildern. Unter sozialer Ungleichheit wird die „ungleiche Verteilung von Lebenschancen" (Burzan 2007: 7) verstanden. Wenn es zutrifft, dass bürgerschaftliches Engagement der Integration dient und einen hohen individuellen Nutzen hat (Heinze/ Naegele 2010: 20), dann entwickelt es die ihm zugeschriebene Wirkung, die Gesellschaft zusammen zu halten, jedoch nur, wenn einer möglichst breiten Alterspopulation diese Lebenschancen zugänglich gemacht werden und ihnen ermöglicht wird, die Vorzüge bürgerschaftlichen Engagements zu genießen.

Aus der breiten Palette an Formen bürgerschaftlichen Engagements wurde für die empirische Untersuchung das Engagement der „Seniorenvertreterinnen/Nachbarschaftsstifter" eines Stadtteils in Gelsenkirchen (Referenzgebiet des LiW-Projektes) ausgewählt. Durch die Befragung in Interviewform der als solche im Stadtteil tätigen Älteren sollen gewonnene theoretische Erkenntnisse überprüft, ggf. bestätigt, korrigiert und ergänzt werden. Darüber hinaus wird Aufschluss darüber erhofft, in wie weit sich für die angesprochene Vielfalt und für die von der Stadt wie im Projekt präferierte partizipative Herangehensweise im Handeln der Engagierten eine Entsprechung findet. In dieser Arbeit wird bewusst die Perspektive der Engagierten gewählt.

Im Fokus dieser Arbeit steht die Frage, welche Faktoren ausschlaggebend oder mitbestimmend dafür sind, dass ältere Bürgerinnen und Bürger in der nachberuflichen langen Phase des Lebens, nach dem Ende ihrer Reproduktionsphase, zu Beteiligten und zu MitgestalterInnen des Gemeinwesens werden oder bis ins hohe Alter hinein bleiben. Dabei wird auch untersucht, welche Bedingungen/Faktoren Gleichheit fördern und unterstützen. Es wird davon ausgegangen, dass es Faktoren für ein Gleichheit förderndes bürgerschaftliches Engagement gibt, die es herauszufiltern und bei der Entwicklung von Fördermaßnahmen zu berücksichtigen gilt.

Die aufgeworfene Fragestellung wird im ersten Teil der Arbeit theoretisch erörtert (Teil I). Gerät bürgerschaftliches Engagement Älterer in den Fokus der Aufmerksamkeit, so ist zunächst zu klären, wer diese Älteren sind, die sich engagieren wollen, sollen und können. Derzeitiges wie zukünftiges Engagement-Potential steht im Kontext einer sich wandelnden Altersstruktur aber auch unterschiedlich verteilter Ausgangsbedingungen. Alter und Altern wie auch soziale Ungleichheit werden daher in Kapitel 1 näher in Augenschein genommen.

In Kapitel 2 wird geklärt, was unter bürgerschaftlichem Engagement überhaupt zu fassen ist, welche neuen Formen des Engagements im Ensemble bürgerschaftlichen Engagements auftauchen, welche Trends im bürgerschaftlichen Engagement zu finden sind und in wie fern soziale Ungleichheiten im bürgerschaftlichen Engagement Älterer zum Tragen kommen. Ebenso wird die Datenlage zum bürgerschaftlichen Engagement Älterer umrissen.

Die bürgerschaftliches Engagement beeinflussenden Faktoren werden in Kapitel 3 entfaltet. Ressourcen auf Seiten der Engagierten wie wichtige Ereignisse des Lebensverlaufs werden zusammengetragen und erläutert. Sie haben Einfluss darauf, ob ein Engagement wahrscheinlich ist und aufgenommen wird. Ebenso thematisiert werden individueller Nutzen (Gewinn) und die erlebte Balance zwischen Geben und Nehmen (Reziprozität). Als in besonderer Weise auf soziale Ungleichheiten einwirkend, werden die Rahmenbedingungen des Engagements angenommen. Unterschiedliche Aspekte der Rahmenbedingungen werden dargelegt wie auch die Bedeutung von Altersbildern als gesellschaftlicher Kontext zur Sprache kommt.

Kapitel 4 fasst zentrale Gedanken der Arbeit zusammen und leitet konkrete Fragestellungen für die empirische Untersuchung daraus ab.

Im zweiten Teil (Teil II) wird die aufgeworfene Thematik empirisch und exemplarisch am Projekt „Seniorenvertreterinnen/Nachbarschaftsstifter" in Gelsenkirchen im speziellen der im Referenzgebiet des LiW-Projektes (Stadtteil in Gelsenkirchen) Tätigen untersucht und diskutiert. Kapitel 5 erläutert zunächst das Projekt „Seniorenvertreterinnen/Nachbarschaftsstifter", das in der Umsetzung des Masterplanes Seniorenarbeit der Stadt Gelsenkirchen entwickelt wurde, und die hierfür in Gelsenkirchen geschaffenen Rahmenbedingungen.

Methode und Design der empirischen Untersuchung werden vorgestellt, die spezifische Vorgehensweise beschrieben und die Ergebnisse zusammengetragen.

Es sollen Erkenntnisse darüber erlangt werden, in wie weit auch ältere Bürgerinnen und Bürger, die eher zu den benachteiligten Bevölkerungsgruppen Älterer gerechnet werden können, im konkreten bürgerschaftlichen Engagement erreicht werden. Ebenso wird der Frage näher nachgegangen, welche Typen von Älteren durch die entwickelte Maßnahme angesprochen werden, in wie fern sie zu den Benachteiligten zu rechnen sind und welche Einflussfaktoren für die Aufnahme und Ausübung des Engagements sich als entscheidend erweisen. Ziel der näheren Untersuchung des Projektes „Seniorenvertreterinnen/Nachbarschaftsstifter" ist es, seine Bedeutung für die Engagierten und ihre spezifische Rollenwahl im Engagement zu ermitteln und Vorzüge, die sie im Engagement erleben, auszumachen.

In Kapitel 6 werden theoretische Erkenntnisse mit den empirisch gewonnenen verglichen und diskutiert.

Teil I – Theoretische Überlegungen

1 Ausgangslage

1.1 Alter und Altern

1.1.1 Lebensphase Alter – demografische Entwicklung

Geht es um bürgerschaftliches Engagement Älterer muss zunächst geklärt werden, was die Lebensphase Alter ausmacht und wer mit „den Älteren" gemeint ist. Der Prozess des Alterns ist ein Charakteristikum allen Lebens und gehört somit auch zur menschlichen Existenz dazu. Die Bilder vom Alter oder die Festschreibung, ab wann ein Mensch als alt bezeichnet wird, sind jedoch unterschiedlich und hängen von der jeweiligen Kultur und Epoche ab. Allerdings sind sie nicht nur Beschreibungen der vorgefundenen Realität. Sie prägen auch Erwartungen an das eigene und fremde Alter und Alt-Werden und haben somit ein die Gegenwart und Zukunft konstruierendes Moment.

Die Älteren oder Alten als sozialkulturell bestimmbare gesellschaftliche Gruppe sind in den westlichen Gesellschaften erst seit der Industrialisierung zu finden (Backes/Clemens 2008: 23). Die im Gefolge der Industrialisierung entstandenen sozialen Sicherungssysteme trugen dazu bei, einen Ruhestand als Heraustreten aus der Erwerbsbeteiligung mit relativer Absicherung zu kreieren. Damit ist diese von Rollen und Verantwortung freigewordene Lebensphase eine ganz neue und nie dagewesene Lebensphase und die dazu gewonnene frei verfügbare Zeit bietet die Chance, über ein Engagement im Alter neu und anders nachzudenken und zwar seitens des Individuums und seitens der Gesellschaft. Vormals war es üblich und notwendig bis zu seinem Lebensende zu arbeiten. Die Lebensphase Alter ist erst eine „historisch gewordene Bewältigungskonstellation der Moderne" (Böhnisch 2008: 4).

Ein an der männlichen Erwerbsbiographie orientierter Ruhestand wurde auch für die zur Norm, die nicht in gleicher Weise oder gar nicht an der Erwerbsarbeit beteiligt waren. Der sozial gesicherte Ruhestand als „Altersphase", erst 1957 durch die Rentenreform auf die große Mehrheit der Erwerbstätigen ausgedehnt, zerfasert jedoch heute zunehmend durch Frühverrentung, Vorruhestandsprogramme und eine gestiegene Arbeitslosigkeit älterer Menschen (Backes/Clemens 2008). Böhnisch bringt dies auf den Punkt, wenn er formuliert: „Alter ist zwar von seinem Ende, dem Tod, nicht aber von seinen Anfängen her eindeutig bestimmbar." (Böhnisch 2008: 257) Auch wenn eine klare Trennlinie im Zeichen sich zunehmend pluralisierender Lebensverhältnisse aufweicht, legt doch die immer noch starke Orientierung an der Erwerbsarbeit in der Strukturierung des Lebenslaufs nahe, den Übergang von der Erwerbsbeteiligung in die Ruhestandsphase als Eintritt in die Lebensphase Alter anzusehen.

Dieser Ruhestand ist im beginnenden Jahrtausend zur langen wenn nicht längsten Phase des Lebens für viele geworden. Waren im Jahre 1900 gerade 2,76 Mio. Menschen im Deutschen Reich über 65-jährig, werden es im Jahre 2050 Bevölkerungsvorausberechnungen für die Bundesrepublik folgend zwischen ca. 22,86 und 23,49 Millionen sein (Backes/Clemens 2008: 34). Im Jahre 2030 wird der im Jahre 2010 liegende Anteil der Bevölkerung der Bundesrepublik, die über 65 Jahre alt ist, von 20,5 % auf 28,5 % gestiegen sein, für das Jahr 2050 werden 33,3% erwartet (Backes/Clemens 2008: 32). Im Jahre 2006 hatten 60-jährige Frauen in Deutschland eine fernere Lebenserwartung von 24,5 Jahren, Männer von 20,6 Jahren, 80-jährige Frauen hatten noch 8,9 Jahre zu erwarten, Männer 7,5 Jahre (Backes/Clemens 2008: 33). Der wachsenden Gruppe älterer Menschen steht eine durch niedrige Geburtenraten zunehmend kleiner werdende Anzahl jüngerer Menschen gegenüber. Wird die sich verändernde Altersstruktur der Bevölkerung grafisch dargestellt, kann die Entwicklung von einer „Alterspyramide" (1910) zum sich mehr und mehr entwickelnden „Alterspilz" (2050) festgestellt werden (Backes/Clemens 2008: 30). Diese demografische Entwicklung wird auch als „Alterung der Bevölkerung" (Tews 1999: 138ff.) bezeichnet. Es wird ein *dreifachen Altern*" beschrieben: die *absolute Zahl* der alten Menschen steigt, der *prozentuale Anteil* alter Menschen an der Gesamtbevölkerung nimmt zu und *mehr Menschen als je zuvor erreichen die Hochaltrigkeit*. Die beiden erstgenannten Trends werden sich aller Voraussicht nach bis zum Jahre 2030 so fortschreiben. Die Zunahme der Hochaltrigkeit, so wird prognostiziert, wird sich über das Jahr 2030 hinaus weiter fortsetzen. „Immer mehr Menschen leben immer länger als früher und werden dabei auf andere Weise alt." (Schenk 2007: 11) Als Ursachen des demographischen Wandels können medizinische Fortschritte (Senkung der Sterblichkeit, Möglichkeiten der Empfängnisverhütung), Auswirkungen politischer Ereignisse (Weltkriege und die Weltwirtschaftskrise sowie die damit verbundenen Geburtenausfälle und Kriegsopfer), eine durch soziale und wirtschaftliche Veränderungen gesunkene Fertilitätsrate und Wanderungsbewegungen gegenüber dem Ausland ausgemacht werden (Backes/Clemens 2008: 30ff.).

Die demografische Entwicklung stellt eine Herausforderung für die sozialen Sicherungssysteme dar, die unterschiedlich kontrastiert wird zwischen Horrorszenario und Umbau- und Gestaltungsaufgabe. Sie bringt Veränderungen in der Versorgungslandschaft mit sich, da immer weniger Erwerbsbeteiligte die Versorgung einer immer größer werdenden Zahl Menschen schultern müssen. In dieser Sorge um die zukünftige Versorgung der älterwerdenden Bevölkerung fällt der Blick auf die Ressourcen und Möglichkeiten älterer Menschen. Ihr Potential zu heben und es zum Einsatz zum Wohle der Allgemeinheit zu bringen, scheint das „Gebot der Stunde" zu sein. Das Thema bürgerschaftliches Engagement Älterer hat Hochkonjunktur.

Die Auswirkungen der demografischen Entwicklung auf die Entwicklung des bürgerschaftlichen Engagements können wie folgt umrissen werden: Bei gleichbleibendem Engagement ist in allen Tätigkeitsbereichen des Engagements mit geringeren Zahlen von Engagierten zu rechnen (Mai/Swiaczny 2008: 51). Im allgemeinen Schrumpfungstrend der Gesamtbevölkerung auf das bürgerschaftliche Engagement einer anteilig wachsenden Bevölkerungsgruppe zu hoffen und zu setzen, erscheint sinnvoll und notwendig. Der zunehmende Bevölkerungsanteil älterer Menschen kann durch die Entwicklung und Verwirklichung selbst- und mitverantworteten Potentials einen Beitrag zur Gesellschaft leisten. Allerdings setzt dies voraus, dass ältere Menschen sich tatsächlich stärker einbringen können und motiviert sind, vermehrt entsprechende Aufgaben zu übernehmen.

Neben den Veränderungen in der Zusammensetzung der Bevölkerung muss ebenso die zunehmende Vielgestaltigkeit des Alters als Ausgangslage berücksichtigen werden. Der Wandel, der sich hier vollzieht, wird im Folgenden skizziert.

1.1.2 Prozess des Alterns – Strukturwandel des Alters

Alte Menschen werden auf andere Weise alt als frühere Kohorten. Umrissen wird der Strukturwandel des Alters (Tews 1999: 147ff.) mit den Begriffen Singularisierung, Feminisierung, Verjüngung, Entberuflichung, Hochaltrigkeit und Interkulturalität. Von Singularisierung wird gesprochen, da ein wachsender Anteil der alten Menschen allein lebt. Der Begriff Feminisierung beschreibt den Umstand, dass die „Altersgesellschaft" ein vorwiegend weibliches Gesicht hat. So liegt der Frauenanteil der heute über 75-Jährigen bei drei Viertel, der, der heute über 60-Jährigen, bei zwei Drittel (Tews 1999: 148). Insgesamt fühlen sich alte Menschen gesünder als frühere Kohorten des gleichen Alters und sind es de facto auch, daher wird von Verjüngung gesprochen. Entberuflichung umreißt die Tatsache, dass Erwerbstätige deutlich vor dem gesetzlich festgelegten Renteneintrittsalter aus dem Erwerbsleben ausscheiden und obwohl das gesetzliche Renteneintrittsalter erhöht worden ist, scheint dieser Trend nicht gebrochen. Der Anteil der Hochaltrigen nimmt überproportional zu. Immer mehr alte Menschen überleben die Hälfte ihres Jahrgangs. Dieser Umstand wird als Hochaltrigkeit bezeichnet. Viele Autoren legen die Grenze zur Hochaltrigkeit auf ein kalendarisches Alter von 80 Jahren. Eine steigende Anzahl an Menschen mit Migrationshintergrund und nicht deutscher Staatsbürgerschaft erreicht das Ruhestandsalter, d.h. das Bild zukünftiger Alterskohorten wird durch mehr Interkulturalität geprägt sein. Die ausgedehnte Phase des Alters, eine große Varianz biographischer Prägungen, unterschiedliche gesellschaftliche Rahmungen bedingen eine Vielgestaltigkeit der Lebensformen und Lebenssituationen alter Menschen (Schenk 2007: 23f.). Damit verbunden sind sehr unterschiedliche Bedürfnisse, Chancen und Risiken. Bürgerschaftliches Engagement und damit gesellschaftliche Teilhabe einer sehr ausdifferenzierten Gruppe älterer Menschen ist zu fördern.

Im Alterungsprozess müssen neue gesundheitliche Situationen und veränderte Lebensweisen (z. B. ein Leben mit schwerer Demenz) in die herrschenden Vorstellungen vom Mensch- und Bürgersein integriert werden (BMFSFJ 2010: 126). Da immer mehr Menschen ein hohes Alter erreichen, wächst die Zahl derer, für die das Risiko einer Pflegebedürftigkeit und Multimorbidität wahrscheinlich wird. In der Phase der Hochaltrigkeit existieren hohe Mobilität, gute Gesundheit, Pflegebedürftigkeit und Leben mit Demenz nebeneinander. Werden beispielsweise allein im Ein-Personen-Haushalt lebende hochaltrige Frauen in den Fokus genommen – sie stellen den weitaus größten Anteil der ab 80jährigen dar – kann von Kumulieren und Chronifizieren der Risiken gesprochen werden. Dies ist nicht allein der individuellen Lebenssituation geschuldet, sondern weist in hohem Maße strukturelle Dimensionen auf. Ob für diese große Gruppe alter Menschen das Alter eher als „Ende mit Schrecken" oder „das geschenkte Leben" (Schenk 2007: 11) angesehen werden kann, wird davon abhängen, inwieweit für spezifische Problematiken dieser Bevölkerungsgruppe eine zufriedenstellende Bearbeitung gefunden wird. Ein zivilgesellschaftlich integrierend wirkendes bürgerschaftliches Engagement heutiger und zukünftig alter Menschen beteiligt auch solche mit höheren Risiken behafteten Gruppen von Älteren am Prozess der gemeinschaftlichen Zukunftsgestaltung. Bestimmte Formen bürgerschaftlichen Engagements Älterer können gesellschaftliche Teilhabe auch für benachteiligte Bevölkerungsgruppen ermöglichen wie dies die Hospizbewegung seit langem zeigt.

Für den Einzelnen bedeutet Teilhabe, als BürgerInnen der Zivilgesellschaft angesprochen zu werden und gemeint zu sein. Für die Gesellschaft bedeutet Beteiligung einer möglichst großen und breiten Bürgerschaft bei der Zukunftsgestaltung, konsensfähige und innovative Lösungen erzielen zu können. Zudem steht durch eine breite Beteiligung der Bevölkerung das Expertenwissen aus sehr unterschiedlichen und spezifischen Lagen zur Verfügung.

Die steigende Interkulturalität macht kultursensible und -spezifische Wege der Verständigung auch in der Begleitung und Beteiligung von alten Menschen notwendig. Gelingt es im bürgerschaftlichen Engagement Menschen mit Migrationshintergrund zu integrieren, können sie als Keyworker[1] für Menschen in vergleichbarer Lage fungieren und als kultursensible Experten den gesellschaftlichen Zusammenhalt stärken.

Brüchiger werdende Familienbeziehungen und die Tatsache, dass viele alte Menschen allein leben, macht bürgerschaftliches Engagement für sie zu einer Chance neue soziale Netzwerke zu knüpfen.

Enger werdende finanzielle Spielräume der Kommunen und Versorgungssysteme und steigender Pflegebedarf beflügeln die Erwartung hinsichtlich des Engagements jüngerer Kohorten von älteren Menschen. Gesellschaftliche Teilhabe unterschiedlicher alter Menschen mit unterschiedlichen Potentialen und Biographien, die auf sehr verschiedene Art und Weise alt geworden sind, muss bewerkstelligt werden, ohne sie zum Lückenbüßer zu machen und zu instrumentalisieren. Bürgerschaftliches Engagement kann dazu beitragen, Alter und auch die mit einem größeren Risiko behafteten Gruppen wie Hochaltrige, ältere Menschen mit Migrationshintergrund oder Menschen mit gesundheitlichen Beeinträchtigungen und dementiellen Veränderungen nicht nur als Belastung sondern als Zugewinn für die Gesellschaft zu erachten. Sie können nicht nur als Adressaten sondern auch als Akteure eines bürgerschaftlichen Engagements angesprochen werden. Dies geht jedoch nur, wenn Förderung von Teilhabe nicht einseitig eine Aktivierungslogik „ein guten Bürger ist ein aktiver Bürger" unterstützt und Produktivität nicht nur in soziologischem Sinne („Wert" erzeugendes, sozial nützliches Verhalten) oder unter rein ökonomischem Gesichtspunkten betrachtet wird, sondern einem psychologischen Konzept folgend auch Raum lässt für die Arbeit an der eigenen Entwicklung.

Das Konzept des „homo vitae longae" (vgl. Backes/Amrhein 2008: 71ff.), des am langen Leben in einer Gesellschaft des langen Lebens orientierten Menschen, macht die aktive Gestaltung des gesellschaftlichen Veränderungsprozesses not-

---

1 Keyworker, ein im Rahmen des sogenannten Keywork-Ansatzes (Knopp/Nell 2007: 13) gebrauchter Begriff für Schlüsselpersonen, mit Hilfe derer solche Milieus erreicht werden und zur Teilhabe gewonnen werden können, zu denen vormals kaum Zugang möglich war und die bis dato nicht in Angeboten zu finden waren.

wendig. Sozialer Wandel geschieht nie außerhalb gesellschaftlicher Interessen, Machtverhältnisse und Konflikte. So spiegeln sich diese auch wieder in den Szenarien einer alternden Gesellschaft und Ideen und Ideologien zu Alter und Altern. Der Prozess der Individualisierung und Pluralisierung der Lebensverhältnisse wirkt sich zunehmend auf die Altersstruktur aus, sodass auch im Alter immer weniger gesellschaftliche Einbettung, Orientierung und Sicherheit gegeben sind, sondern eigene Entscheidungen und selbstverantwortete Steuerung in den Vordergrund treten. Allerdings ist hierfür die Entwicklung entsprechender Handlungskompetenzen und neuer Rollen erforderlich. Formen bürgerschaftlichen Engagements, die dies unterstützen, stellen eine Möglichkeit dar, neue Rollen einzuüben und hervorzubringen und notwendige Kompetenzen zu entwickeln. Darüber hinaus legen andere zahlenmäßige Proportionen der Generationen, ein verlängertes Leben und eine schrumpfende Bevölkerung andere Verteilungsformen von Arbeit, Lernen, Fürsorge und Existenzsicherung nahe. Dies berührt das Verhältnis der Generationen zueinander wie das der Geschlechter und erfordert veränderte Aufgabenzuschreibungen, Leistungs-, Weiblichkeits- wie Männlichkeitsideale. Gängige Generationen-, Lebensphasen- und Geschlechternormen und –rollen müssen miteinander überdacht und veränderten Bedingungen angepasst werden. Durch bürgerschaftlichen Engagement sind auch ältere Menschen in diesen gesellschaftlichen Prozess aktiv eingebunden. (vgl. Backes/Amrhein 2008: 71ff.)

1.2 Soziale Ungleichheit im Alter

1.2.1 Konzept der Lebenslagen

Werden Auswirkungen von demografischer Entwicklung und Altersstrukturwandel auf das bürgerschaftliche Engagement betrachtet ist auch die Frage sozialer Ungleichheiten berührt. Unter sozialer Ungleichheit wird die „ungleiche Verteilung von Lebenschancen" (Burzan 2007: 7) verstanden. Einerseits chronifizieren sich Risikolagen im Alter, die es zu berücksichtigen gilt in der Engagement-Förderung, andererseits ist auch zu bedenken, inwieweit bürgerschaftliches Engagement selbst dazu beiträgt, Ungleichheiten zu schaffen oder bestehende noch zu verstärken. Der erstgenannte Aspekt, soziale Ungleichheit im Alter, wird im Folgenden anhand des zunächst eingeführten Konzeptes der Lebenslagen näher umrissen, die letztgenannte Frage wird in Kapitel 2.3 erörtert.

Zur näheren Betrachtung sozialer Ungleichheiten, die einen Einfluss auf bürgerschaftliches Engagement im Alter ausüben, wird das Konzept der Lebenslagen verwandt. „Der Begriff der Lebenslage bezeichnet die Gesamtheit der materiellen und nicht materiellen Bedingungen, unter denen Menschen leben." (Thieme 2008: 237) Mehrdimensionalität ist dem Begriff der Lebenslage eigen, d.h. ökonomische, soziale, kulturelle, politische Bedingungen finden Berücksichtigung.

Das Lebenslagen-Konzept dient in den Sozialwissenschaften der Beschreibung, Erklärung, Beurteilung und Prognose eben dieser ungleich Lebensverhältnisse. Mit ihm werden soziale Ungleichheiten analysiert und präventive und kompensatorische Bearbeitungsmöglichkeiten für soziale Probleme und Gefährdungen einzelner Bevölkerungsgruppen gesucht. „Unter ‚Lebenslage' wird ein Konzept zur Analyse sozialstruktureller (Verteilungs-)Ungleichheit verstanden." (Backes/Clemens 2008: 171) Verwandt wird es vor allem in der Armutsforschung und der sozialen Gerontologie. In der Armutsforschung zielt der Lebenslagen-Ansatz, da er gleichzeitig mehrere Lebensbereiche berücksichtigt, darauf ab, einer einseitigen Armutsmessung am Einkommen zu begegnen. In der sozialen Gerontologie dient er insbesondere der Beschreibung und Untersuchung von Risiken des Alters.

Gemeinsam ist den unterschiedlich akzentuierten Lebenslagen-Ansätzen[2] die Frage, in welcher Beziehung Verhältnisse (gesellschaftliche Strukturebene) und Verhalten (persönliche Handlungsebene) im Hinblick auf soziale Ungleichheiten stehen (Amann: 2000: 53ff.). Die Beziehung beider Ebenen zueinander wird als dialektisch, also in Wechselwirkung miteinander stehend, verstanden. Die Lebenslage bildet einerseits als Ausgangsbedingung menschlichen Handelns den Handlungsspielraum, der einem Individuum zur Verfügung steht, andererseits kann das Indivi-

---

2 Wurzeln des Begriffs gehen auf Marx, Engels und Jahoda zurück. Zentrale Entwürfe für die Soziale Arbeit stammen von Neurath und Weiser (Voges 2005: 37ff.). Betonte Otto Neurath die Mehrdimensionalität und deren Wirkung auf die Person, akzentuierte Gerhard Weiser später stärker die Handlungsmöglichkeiten zur Realisierung von Chancen. Er klammert die tatsächliche Nutzung des Spielraums durch die handelnde Person jedoch aus dem Begriff aus (objektive Handlungsbedingungen, nicht subjektive Performance) (Engels 2008: 643f.). Hieran knüpft Ingeborg Nahnsen mit ihren Handlungsspielräumen an, die sie als Grundanliegen für menschliches Handeln ansieht. Ingeborg Nahnsen unterscheidet folgende Aspekte der Lebenslage: Versorgungs- und Einkommensspielraum, Kontakt- und Kooperationsspielraum, Lern- und Erfahrungsspielraum, Muße- und Regenerationsspielraum, Dispositions- und Partizipationsspielraum (Glazer 2007: 607). Anton Amann greift Neuraths und Weisers Konzepte modifiziert auf, ergänzt sie um eine zeitliche Dimension und wendet sich den ungewöhnlichen und nicht unbedingt erwartbaren Ereignissen zu, für die der Einzelne Hilfe von Expertenorganisationen braucht. Über die objektiven Dimensionen hinaus nimmt Amann auch die subjektiv-intrapersonalen Aspekte von Lebenslagen in den Fokus und operationalisiert sie in Kriterien wie Defizite der Wahrnehmung für Änderungschancen und Disposition für empfundene Machtlosigkeit. (Stimmer: 2000: 412ff.)

duum auch auf die Lebenslage gestaltend Einfluss nehmen. Lebenslage ist somit auch Produkt menschlichen Handelns. „Mit diesen »objektiven« äußeren Bedingungen, entwickeln sich »subjektive« Wahrnehmungen, Deutungen und Handlungen des Menschen in wechselseitiger Abhängigkeit." (Clemens /Naegele 2004: 388) Das Zusammenwirken dieser im Laufe des Lebens angesammelten Handlungskompetenzen (Handlungsspielraum) mit den Möglichkeiten, die sich aus der Ausstattung ergeben (Dispositionsspielraum) ist wiederum in einen Prozess gesellschaftlichen Wandels eingebunden. Auf der gesellschaftspolitischen Ebene wird Alter vielseitig gestaltbar, auf der individuellen zu einer veränderbaren Erfahrung (Schmidt 2004: 58). Somit ist Lebenslage als die Summe aller materiellen und immateriellen, objektiven und subjektiven Möglichkeiten zu verstehen.

Clemens und Naegele nehmen in Anlehnung an Weiser und Nahnsen eine Auffächerung und Einteilung in sieben Handlungsspielräume (vgl. Clemens/Naegele 2004: 387ff.) vor, die für die Situation und Lage älterer Menschen aussagekräftig sind. Diese werden im Folgenden näher erläutert.

Der Einkommen- und Vermögensspielraum (1) wird maßgeblich von den Zahlungen der Alterungssicherungssysteme bestimmt. Renten und Pensionen sind Haupteinkommensquelle im Alter (Pflichtversicherung, betriebliche und private Altersvorsorge). Darüber hinaus zählen zu diesem Bereich Einkünfte aus Vermögen und Transferzahlungen öffentlicher Haushalte (Wohngeld, Sozialhilfe, Grundsicherung im Alter) wie Zahlungen anderer Sozialversicherungsträger (Pflegeversicherung). Der Einkommens- und Vermögenslage kommt im Zusammenspiel mit anderen Dimensionen der Lebenslage für ältere Menschen eine besondere Bedeutung zu. Verfügbarkeit über Nahrungsmittel, Kleidung und Behausung bilden entsprechend der Bedürfnispyramide nach Maslow die Lebensgrundlage. Diese Güter sind in modernen Gesellschaften über den Markt mittels finanzieller Ressourcen zugänglich. Finanzielle Mittel, Höhe und regelmäßiger Bezug, bestimmen daher in hohem Maße über die Qualität der Lebenslage (Thieme 2008: 238). Grundsätzlich stellen Erwerbsarbeit, Vermögen, staatliche Transferleistungen Geldquellen dar. Nicht mehr im Erwerbsleben stehende Personen erhalten eine Altersrente. Dazu kommen auch bei ihnen Erträge aus Privatvermögen, privaten Versicherungen, Immobilienbesitz und Vermögensanlagen. Nur ein kleiner Teil der über 65jährigen Rentner und Rentnerinnen ist überhaupt erwerbstätig. Im Jahre 1998 waren dies 1,3% der Männer und 1,0% der Frauen (Thieme 2008: 238).

Der materielle Versorgungsspielraum (2) umfasst Wohnverhältnisse (Wohnung und Wohnumfeld), die Versorgung mit medizinisch-geriatrischen Möglichkeiten und die Verfügbarkeit über haushaltsnahe Dienstleistungen und pflegerisch soziale Dienste. Wohnen im Alter ist im Besonderen Wohnalltag und dient nicht mehr nur als Rückzugsbereich wie in jüngeren Jahren. Die Wohnung wird zunehmend zum Lebensmittelpunkt bis hin zum ausschließlichen Lebensort.

Mit Kontakt-, Kooperations- und Aktivitätsspielraum (3) lassen sich Größe und Qualität des sozialen Netzwerkes von Menschen überschreiben, ihr Eingebunden-Sein in unterschiedliche Netzwerke und auch das Maß der Aktivitäten und Begegnungen, die hier stattfinden, die Möglichkeit soziale Kontakte zu pflegen und mit anderen zusammen zu wirken. Als besondere Einflussfaktoren auf diese Dimension der Lebenslage wirken sich Gesundheitszustand und die damit verbundene verminderte Mobilität, die Lebensform älterer Menschen (Singularisierung), der in alle Bereiche stark hineinreichende Einkommens- und Vermögensspielraum und der materielle Versorgungsspielraum, hier im Besonderen die Wohnsituation, aus.

Der Lern- und Erfahrungsspielraum (4) umreißt die Möglichkeiten, die zur persönlichen Entfaltung zur Verfügung stehen und weist daraufhin, welche Entwicklungs- und Gestaltungsoptionen vorhanden sind. Sie sind in hohem Maße abhängig vom Bildungsstand, gemachten Erfahrungen in der Arbeitswelt, der sozialen und räumlichen Mobilität.

Dispositions- und Partizipationsspielraum (5) meint politische Beteiligungsmöglichkeiten und Vertretung der eigenen Interessen. Auch diese Dimension ist geprägt durch die eigene Biografie, die, abhängig von Bildung und Lebenslauf, einen Ausgangsrahmen für das Maß an Beteiligung im öffentlichen Raum darstellt. Gleichzeitig ist diese aber auch abhängig davon, welche Strukturen und Partizipationsplattformen zur Verfügung gestellt werden und welche Mitsprache- und Mitgestaltungsrechte älteren Menschen eingeräumt werden.

Der Gesundheitszustand als wesentliche Determinante des Muße- und Regenerationsspielraumes (6) ist Dreh- und Angelpunkt auch anderer Dimensionen. Inwieweit gesellschaftlich entpflichtete Zeiten zur Regeneration und Muße genutzt werden können und somit zur Erhaltung der eigen Schaffenskraft und einer selbst bestimmten Lebensführung oder gar Produktivität für Andere dienen können, macht sich weitgehend am Gesundheitszustand fest. Einerseits ist hier eine allgemeine Verbesserung des Gesundheitszustandes älterer und hochalter Personen zu verzeichnen, andererseits steigt das Risiko der Pflegebedürftigkeit im vierten Lebensalter deutlich an. Es scheint einen Zusammenhang zwischen Gesundheitszustand und Belastungen der Arbeitswelt und sozio-ökonomischem Status zu geben, wie sozialepidemiologische Befunde zeigen.

Unter Spielraum durch private und informelle Unterstützungsressourcen (7) sind emotionale Zuwendung, praktische Hilfe und Versorgung bei Krankheit und Pflegebedürftigkeit zu fassen, die im Bedarfsfall zur Verfügung stehen.

(vgl. Clemens/Naegele 2004: 387ff.)

1.2.2 Ungleiche Risiken im Alter

Einerseits kann von Verfestigung der Ungleichheiten im Alter gesprochen werden, „Bildungsmerkmale und schichtspezifische Bildungsunterschiede wirken bis in die Altersphase und verstärken sich noch. Einkommen und Vermögen bleiben weiterhin harte Kriterien sozialer Unterscheidung, da sie über die Verteilungswirkung bestehender, auf den Berufsverlauf rekurrierender Alterssicherungssysteme bis in die letzte Lebensphase sozial differenzieren." (Clemens 2008: 19) Andererseits werden im Alter auch andere Dimensionen bedeutsam wie Umfang und Qualität sozialer Beziehungen und die Fähigkeit defizitäre Lebenslagen aus eigener Kraft verändern zu können (Inanspruchnahme sozialstaatliche Versorgung, Unterstützung von Freunden und Verwandten) (Clemens 2008: 19). Schicht- und Klassenunterschiede wirken sich auf Gesundheit und Lebenserwartung aus und führen zu weiterer Differenzierung (Clemens 2008: 19). Im Alter sind, alten wie neuen Mustern folgend, Ressourcen, Macht und Handlungsoptionen sozial ungleich verteilt (Clemens 2008: 25).

Unter den Dimensionen der Lebenslage beleuchtet fallen die Polarisierung in „positives" und „negatives" Alter ins Auge: Können sich die einen in sehr guten Einkommens- und Vermögensverhältnissen lebend, einer zunehmenden Aktivität, Unabhängigkeit, Selbstständigkeit, sozialen Integration und steigender Selbsthilfepotentiale und Selbstorganisationsfähigkeit erfreuen, müssen die anderen, bei denen sich Kumulationseffekte problematischer Lebenslagen ergeben, mit den Auswirkungen der Einschränkungen leben. „Materielle Unterversorgung beispielsweise hat einen direkten Einfluss auf die Aktivität und Mobilität, wirkt sich aus auf die Kompetenzen und Verhaltenspotentiale des Alter(n)s." (Backes/Amrhein 2008: 73) Engagement-Förderung älterer Bürginnen und Bürger hat daher bei der Förderung ihrer individuellen bürgerschaftlichen Kompetenzen auch ihre unterschiedlichen Ausgangslagen im Blick und begegnet diesen.

Werden Potentiale des Alters im Zusammenhang mit Lebenslagen im Alter betrachtet (vgl. Backes/Amrhein 2008: 71ff.), so werden Möglichkeiten aber auch Grenzen der Potentialentwicklung sichtbar und es können Ansatzpunkte für eine Förderung von Ressourcen Älterer gefunden werden, die den Aspekt sozialer Ungleichheit berücksichtigt. Soziale Ungleichheit im Alter ist ein Ergebnis lebenslauf-abhängiger Differenzierungen. Ein Auseinanderklaffen der Lebensbedingungen von Bevorzugten und Benachteiligten ist schon heute zu beobachten. Hochaltrige, insbesondere hochaltrige Frauen, und ältere Menschen aus niedrigem sozioöko-nomischem Herkunftsmilieu sind mit einer höheren Wahrscheinlichkeit zu den Be-nachteiligten zu rechnen. Bei zukünftigen Alterskohorten wird die Gruppe derer wachsen, die auf diskontinuierliche Erwerbsbiografien zurückblicken werden, dies bedeutet, dass sich die Problematik in Zukunft noch verstärken wird.

Zusätzlich zu den vertikalen Ungleichheitsdimensionen wie sozialer Status, Stel-lung im Beruf, Bildung und Einkommen schlagen auch horizontale zu Buche. Zu nennen sind hier Region (Ost und West), Geschlecht (Frauen und Männer), Ethnie (Menschen mit und ohne Zuwanderungsgeschichte), Alter („junges" und „altes" Alter). Im Folgenden wird hiervon exemplarisch Geschlecht im Alter betrachtet.

Altwerden und Alt-Sein bedeutet für Frauen einem zweifachen Risiko ausgesetzt zu sein. Alter(n) und die damit verbundenen strukturellen sozialen Problemen (ma-terielle Sicherung, gesellschaftliche Integration und Gesundheit, Pflege und auf Hilfe angewiesen zu sein) wirken zusammen mit anderen Merkmalen sozialer Dif-ferenzen wie Geschlecht (Backes 2007: 154). So wird einerseits von Feminisie-rung (höherer Frauenanteil und weibliche Vergesellschaftungsform) im Alter ge-sprochen und von einer Angleichung der Männer an weibliche Vergesellschaf-tungsformen (ihre geschlechtstypische Vergesellschaftung fällt durch den Austritt aus der Erwerbsarbeit weg). Andererseits werden gerade die Belastungen und Kosten (Pflege, Multimorbidität, Demenz), „verursacht" durch Frauen und ihre hö-here Lebenserwartung, thematisiert. Öffentlich sichtbare Belastungen und Res-sourcen gerade von Frauen rücken in den Mittelpunkt des öffentlichen und medial aufbereiteten Interesses, ihre privat erbrachten Leistungen (Pflege und Betreu-ung), die häufig öffentliche Leistungen ergänzen oder gar ersetzen, werden ver-nachlässigt oder bleiben unerwähnt und unsichtbar (Backes 2007: 127). Nachbe-rufliche Tätigkeiten von Männern werden dagegen hervorgehoben. Bisweilen ge-reicht daraus eine Zuschreibung in der Weise, dass „Frauen als Last und Männer als Ressource" erscheinen (Backes 2007: 127).

(vgl. Backes/Amrhein 71ff.)

Die Gegenüberstellung von Männlichkeits- und Weiblichkeitsidealen im Alter (Män-ner aktiv in gesellschaftlich-öffentlichen Bezügen, Frauen eher aktiv in der familia-len-privaten Sphäre) scheint je nach Betrachtungsweise einen direkten Nieder-schlag oder eine Bestätigung in den Zahlen zum bürgerschaftlichen Engagement älterer Frauen und Männer zu finden (siehe Kap 2.3) und weist auf die Bedeutung von Altersbildern (siehe Kap. 3.5) hin. Wollen und sollen ältere Menschen gesellschaftliche Veränderungen mitgestalten und neue Aufgabenverteilung im gemeinsamen Diskurs der Generationen gefunden werden, bedingt dies einerseits ein verstärktes Heraustreten auch älterer Frauen aus der familialen-privaten Sphäre in den öffentlichen Raum und andererseits eine vermehrte Hinwendung älterer Männer zum familialen-privaten Raum beispielsweise der Fürsorgearbeit. Die Intentionen hinsichtlich der Berücksichtigung von Ungleichheitsdimensionen wie Geschlecht in der Förderung bürgerschaftlichen Engagements Älterer können dahingehend bewertet werden, ob die gefundenen Formen des Engagements lediglich darauf abzielen das Potential Älterer in herkömmlicher Weise abzuschöpfen oder in der Lage sind, das Kennenlernen und Einüben auch neuer Rollenmuster zu ermöglichen. Ggf. ist die Frage zu stellen, ob nicht geschlechtsspezifische Förderstrategien hier zielführend wären (Auth 2009: 312).

Werden für bürgerschaftliches Engagement, wie dies in Ansätzen in Gelsenkirchen geschieht, einsprechende Rahmenbedingungen geschaffen (ÖPNV-Ticket, zur Verfügung gestellte Räumlichkeiten inklusive der technischer Ausstattung, PC, Internetanschluss, etc.) können sich Menschen beteiligen unabhängig von ihrem persönlichen Einkommens- und Vermögensspielraum. Geeignete mitgestaltete und passgenaue Qualifizierungsmaßnahmen ermöglichen auch bildungsungewohnteren älteren Bürgern, sich zu vernetzen, sich im Dickicht der Zuständigkeiten ihren Weg zu bahnen, sich Gehör zu verschaffen und ermöglichen Frauen und Männern auch neue Rolle zu finden. Wird gerade die Geschlechterperspektive in der Förderung bürgerschaftlichen Engagements nicht mit bedacht, werden erneut Frauen animiert, sich sozial zu engagieren, und es findet lediglich eine Umverteilung von diversen Fürsorgearbeiten zwischen verschiedenen Generationen von Frauen statt (Auth 2009: 312). Im Alter fallen auch für Männer finanzielle Erwägungen, berufliche Abstiegsängste oder Karrierepläne weg und dahingehend veränderte kulturelle Normen und Leitbilder könnten auch sie unterstützen, vermehrt soziale Tätigkeiten zu übernehmen (Auth: 312).

2 Bürgerschaftliches Engagement

2.1 Begriffe und Formen

Der Begriff des bürgerschaftlichen Engagements ist eng mit dem Begriff der Zivil- oder Bürgergesellschaft verknüpft. Das eine ist ohne das andere nicht vorstellbar. „Starke Zivil- und Bürgergesellschaft mit zur Selbsthilfe fähigen und motivierten Bürgern ist nur komplementär zu einem starkem Staat denkbar (öffentlich finanziertes Gemeinwesen, das individuelle Freiheit durch geeignete Rahmenbedingungen erst ermöglicht)." (Hank/Erlinghagen 2008: 21) Aktive BürgerInnen sind gleichsam der Aktivposten und die lebendige Seite der Bürgergesellschaft. Deren Gerüst ist die institutionelle Struktur, sind die Organisationen (Embacher/Lang 2008: 20). Auch die Enquete-Kommission des Bundestages betont, dass Bürgergesellschaft und bürgerschaftliches Engagement zwei Seiten einer Medaille sind: „Bürgergesellschaft beschreibt ein Gemeinwesen, in dem die Bürgerinnen und Bürger auf der Basis gesicherter Grundwerte und im Rahmen einer politisch verfassten Demokratie durch Engagement in selbstorganisierten Vereinigungen und durch Nutzung von Beteiligungsmöglichkeiten die Geschicke des Gemeinwesens wesentlich prägen können." (Enquete-Kommission 2002: 59) Bürgerschaftliches Engagement in Form von gesellschaftlicher Mitgestaltung, demokratische Mitwirkung und Identifikation von Bürgern mit ihrem Gemeinwesen ist Grundlage einer lebendigen und zukunftsfähigen Zivilgesellschaft (Klie/Krank 2009: 247).

Auch zum Leitbild des 5. Altenberichtes der Bundesregierung gehört sie dazu, die Mitverantwortung älterer Menschen (BMFSFJ 2005: 39ff.). Wie diese Mitverantwortung aussehen kann, welche Begriffe hierfür zu finden sind, in welchen Formen sie ausgeübt wird und an welche Voraussetzung und Bedingungen die Aufnahme geknüpft ist, wird im Weiteren näher beleuchtet.

Was unter dem Phänomen bürgerschaftlichen Engagements zu verstehen ist, muss zunächst geklärt werden. Der Begriff wird vielfach zitiert und bemüht und in einem Atemzug genannt mit anderen wie Freiwilligenarbeit, Ehrenamt, Freiwilligendienst und anderen Wortschöpfungen. Die Begriffe werden bisweilen synonym, ein andermal abgrenzend und sich gegenseitig ein- und unterordnend verwendet. Häufig ist auch die Bezeichnung „altes" und „neues" Ehrenamt zu finden. Mit „altem" Ehrenamt wird die öffentlich, unentgeltlich in Verbänden oder Selbstverwaltungskörperschaften ausgeübte Tätigkeit bezeichnet, die erwerbsähnlichen Charakter hat und für die häufig Aufwandsentschädigungen und Versicherungsleistungen gezahlt werden (Kolland 2002: 79f.). Mit „neuem" Ehrenamt ist eine

Form schwach institutionalisierten, kaum wertgebundenen und eher milieuunabhängig ausgeübten Engagements gemeint, das der individualisierte, moderne, freie, spontane Mensch zum Ausdruck bringt (Kolland 2002: 79f.).

Bürgerschaftliches Engagement ist in einer weiten Begriffsfassung ein Sammel- und Oberbegriff für ein breites Spektrum unterschiedlicher Formen und Spielarten unbezahlter, freiwilliger und gemeinwohlorientierter Aktivitäten wie Freiwilligenarbeit, Bürgerengagement, Selbsthilfe, Ehrenamt u.a. Der Begriff wird in dieser Form in der hier vorliegenden Arbeit verwendet. Er steht für das Prinzip der Vielfalt von Engagement-Formen und damit für ein inklusives Verständnis vieler Engagement-Formen. Mit Bedacht werden sie in den gleichen Begriffstopf geworfen (Roth 2000: 32).

Die Enquete-Kommission „Zukunft des Bürgerschaftlichen Engagements", die 1999 durch Beschluss des Bundestages eingerichtet wurde, nahm eine Begriffsbestimmung vor und verabredete sich auf Leitlinien für bürgerschaftliches Engagement. Die Kommission schreibt bürgerschaftlichem Engagement folgende Attribute zu (Enquete-Kommission 2002: 38):

- „freiwillig (antwortet aber oft auf eine individuelle oder gesellschaftliche Notlage),

- nicht auf materiellen Gewinn ausgerichtet,

- gemeinwohlorientiert,

- gemeinschaftlich und kooperativ ausgeübt."

Darüber hinaus folgt bürgerschaftliches Engagement einem nur begrenzt planbaren Eigensinn, schafft Sozialkapital und gesellschaftliche Selbstorganisation, stößt Lernprozesse an, verfügt über Kritik- und Innovationspotential (Enquete-Kommission 2002: 38).

Dieser weiten Begriffsfassung der Enquete-Kommission folgend werden zu Formen und Bereichen des bürgerschaftlichen Engagements *politisches und soziales Engagement, Engagement in Vereinen, Verbänden und Kirchen, Engagement in öffentlichen Funktionen, Formen der Gegenseitigkeit, Selbsthilfe und bürgerschaftliches Engagement in und von Unternehmen* gerechnet (vgl. Embacher/Lang 2008: 23ff.).

Politisches Engagement meint Engagament als Gemeinderat und Stadtverordnete in der Kommunalpolitik, Mitarbeit in Parteien, Verbänden und Gewerkschaften, neuere Formen der Beteiligung und Themenanwartschaft in Bürgerinitiativen und

sozialen Bewegungen, Engagement in Kinder- und Jugendparlamenten, Auslän-
der-, Behinderten- und Seniorenbeiräten oder Mitarbeit in lokalen Agenda-21-
Gruppen.

Soziales Engagement bezeichnet Tätigkeiten in Jugend- und Wohlfahrtsverbän-
den, Kirchengemeinden und öffentlichen Einrichtungen. Neue Formen sozialen
Engagements finden sich z.B. in den Hospizgruppen, „Tafel"-Bewegung, AIDS-
Initiativen und Gruppen zur Unterstützung von Asylbewerbern.

Zum *Engagement in Vereinen, Verbänden und Kirchen* gehören Vorstandstätig-
keit, Geschäftsführung- und Leitungsaufgaben in allen Verfassten Bereichen bürgerschaftlichen Engagements. Es ist ein rechtlich strukturiertes Aufgabenfeld, das
mit Verantwortung für Aktivitäten des Vereins oder Verbandes verbunden ist und
meist hohe Anforderungen an organisatorische und betriebswirtschaftliche Qualifikationen stellt.

Zum *Engagement in öffentlichen Funktionen* gehören klassische Ehrenämter wie
Schöffen, ehrenamtliche Richter oder Wahlhelfer, aber auch Tätigkeiten im Rahmen des Betreuungsgesetzes oder Engagement in Elternbeiräten. Freiwillige
Dienste bei der Feuerwehr, dem Technischen Hilfsdienst und im Rettungswesen
gehören ebenso dazu wie neuere Varianten der Bürgervereine und Zusammenschlüsse, die in Museen, Bibliotheken, Schwimmbädern und anderen Einrichtungen die weitere Betreibung ermöglichen.

Formen der Gegenseitigkeit sind beispielsweise Nachbarschaftshilfen, Genossen-
schaften und Tauschringe, die in ihrem bürgerschaftlichen Engagement auf gegen-
seitiger Hilfe und auf gemeinsam vertretenen moralischen Grundsätzen beruhen.

Selbsthilfe findet sich vor allem in Bereichen von Familie, Gesundheit und bei Ar-
beitslosen, Migranten und marginalisierten Gruppen. Oft sind die Übergänge zwischen Selbsthilfe und drüber hinausgehendem Engagement zur Unterstützung
anderer in ähnlicher Lage fließend.

Auch *Bürgerschaftliches Engagement in und von Unternehmen* wird zum bürgerschaftlichen Engagement dazu gezählt. Dies können Interessenvertretungen in
Kammern und Verbänden sein, aber auch die Unterstützung oft kleinerer und mittlerer Unternehmen für Vereine und Einrichtungen (Geld-, Sachspenden wie Sach-
oder Personaleinsatz). Unternehmerisches bürgerschaftliches Engagement wird
auch als „Corporate Citizenship" diskutiert.

(vgl. Embacher/Lang 2008: 23ff.)

Bürgerschaftliches Engagement ist demnach „freiwilliges, unentgeltliches, in der Öffentlichkeit lokalisiertes Handeln, das aus der Identität als Bürgerin oder Bürger eines politischen Gemeinwesens ausgeübt wird." (Olk 2009: 195) Es meint sowohl das soziale Engagement, also Beteiligung und Koproduktion sozialer Leistungen wie auch Formen politischen Engagements, die Zivilcourage (im Sinne auch eines Dagegen-Seins) und Beteiligung an Entscheidungsprozessen im politisch-administrativen Raum. Allerdings wird in verschiedenen Studien zum bürgerschaftlichen Engagement älterer Menschen nicht durchgängig mit diesem Konzept des bürgerschaftlichen Engagements gearbeitet. Die Vergleichbarkeit der Ergebnisse ist dadurch erschwert und die teilweise erheblichen Unterschiede in den Ergebnissen erklären sich. Es „[…] muss berücksichtigt werden, dass die vorliegenden einschlägigen bundesweiten Studien zu höchst unterschiedlichen Beteiligungsquoten älterer Menschen im freiwilligen Engagement kommen, da sie mit unterschiedlichen Erhebungsmethoden und Messkonzepten arbeiten." (Olk 2009: 196) In Tabelle 1 werden die in Studien zum Engagement verwandten Begriffe und Definitionen nach Mai und Swiaczny (Mai/Swiaczny 2008: S.29f.) gegenübergestellt.

Zeitbudgetstudien unterscheiden zwar bürgerschaftliches Engagement und Ehrenamt, subsummieren sie aber unter bürgerschaftlichem Engagement als Oberbegriff. Wird von einem Motivwandel vom sogenannten „alten" Ehrenamt hin zum „neuen" Ehrenamt Älterer gesprochen, werden Begriffsdefinitionen wie im Alterssurvey verwendet. Für die sozioökonomische Panel-Studie ist alleiniges Unterscheidungskriterium die gegebene oder nicht vorhandene institutionelle Anbindung. Unterschiedliche Alterscluster erschweren die Vergleichbarkeit der ermittelten Engagement-Quoten zusätzlich. Im Hinblick auf soziale Ungleichheit im bürgerschaftlichen Engagement ist auch zu fragen, welche Tätigkeiten Älterer überhaupt zur Sprache oder Abfrage kommen. Pflegerische Tätigkeiten, auch wenn sie außerhalb des Haushaltes erbracht werden und alle anderen Kriterien eines bürgerschaftlichen Engagements erfüllen (strittig ist ggf., ob sie öffentlich/im öffentlichen Raum erbracht werden), werden ebenso selten oder unpräzise (Mogge-Grotjahn 2010: 382) mit erfasst, wie intergenerationelle Leistungen der Enkelkinderbetreuung und informelle Unterstützungen und Transfers. Diese letztgenannten Hilfeleistungen außerhalb des eigenen Haushaltes wurden immerhin von 40% der Befragten erbracht und auch die Altersgruppe der 71 bis 75-Jährigen übernimmt noch zu einem Drittel solche Tätigkeiten für andere (Amann/Ehgartner/ Felder 2010: 102). Wird bedacht, dass sozial benachteiligte Bevölkerungsgruppen sich vorwiegend im eigenen Nahraum engagieren, diese Nachbarschafts- und Familienhilfe jedoch selten erfasst wird in Erhebungen zum bürgerschaftlichen

Engagement Älterer, sind die niedrigen Engagement-Quoten einiger Bevölkerungsgruppen zu hinterfragen. Dies spricht nicht gegen gezielte Förderstrategien und -formen, um gerade auch ihre Beteiligung und Selbstorganisationmöglichkeiten zu fördern, wohl aber gegen ihre Stigmatisierung als „unbeteiligte" oder gar „beteiligungsunwillige" BürgerInnen. Das oben aufgeführte, oft nicht mit erfasste Tätigkeitsspektrum ließe sich sehr wohl unter die folgende Beschreibung subsumieren. „Die Qualifizierung eines Engagements als spezifisch „bürgerschaftliches" liegt dann vor, wenn die Agierenden in ihrer Eigenschaft als Bürgerinnen und Bürger handeln und ihre Motivation durch „Mitverantwortung für andere und Sensibilität für Anforderungen des Gemeinwesens gekennzeichnet ist." (BMFSFJ. 2005, S. 341ff.) Festzuhalten bleibt, dass es durchaus Differenzen gibt bei der begrifflichen Definition des Phänomens bürgerschaftliches Engagement und auch Schwierigkeiten bei seiner eindeutigen Messung. Es sind jedoch durchaus Trends zu beobachten, die eingebettet sind in gesellschaftliche Entwicklungen.

Tab. 1: Der Begriff des bürgerschaftlichen Engagements in verschiedenen Studien

Studie	*Begriffe*	*Definition*
Freiwilligen-survey (BMFSFJ 2005)	Unter dem Oberbegriff „freiwilliges Engagement" werden die verschiedenen Konzepte zusammengefasst: • *„bürgerschaftliches Engage-ment"* • *„Freiwilligenarbeit"* und • *„Ehrenamt"* Allerdings wurde im Freiwilligensurvey der Begriff „freiwilliges Engagement" gewählt, um die Betonung auf die Tätig-keit im Unterschied zur (ökonomisch ausgerichteten) Arbeit zu legen. Außer-dem kommt darin besser die Bedeutung der Motivation und der freiwilligen Selbstverpflichtung zum Ausdruck.	Alle drei Begriffe definieren Arbeiten und Aufga-ben außerhalb von Familie und Beruf. *„Ehrenamt"* – formell definierte Ämter und Funktionen im Rahmen von Institutionen und Vereinigungen *„bürgerschaftliches Engagement"* – Engagement unabhängig von bestimmten organisatorischen Strukturen *„Freiwilligenarbeit"* – ein häufig von den Enga-gierten verwendeter Begriff zur Beschreibung ihrer Tätigkeit
Zeitbudget-erhebung (Alltag in Deutschland, 2004; Kah-le/Schäfer 2005)	Zwischen den Konzepten • *„bürgerschaftliches Engage-ment "* und • *„Ehrenamt im engeren Sinne"* wird unterschieden, wobei das „bürger-schaftliche Engagement" das Ehrenamt mit einschließt und als Oberbegriff fun-giert.	*„bürgerschaftliches Engagement"* – eine aktive Beteiligung in Vereinen, Kirchen, Parteien oder Initiativen, die über eine reine Mitgliedschaft hinausgeht. Es ist also im Gegensatz zu allgemei-nen sozialen Tätigkeiten, wie zum Beispiel der privaten Hilfe für andere Haushalte, an Organisa-tionen gebunden. *„Ehrenamt im engeren Sinne"* (wie beim Freiwil-ligensurvey) – Übernahme einer Funktion oder eines Amtes in diesen Bereichen
SHARE-Projekt (Börsch-Supan et al. 2005; Hank et al. 2006)	*„Ehrenamt"* [Darüber hinaus lediglich Unterteilung in *„Aktive"* und *„Nicht-Aktive"*.(Wahrendorf/Siegrist 2008: 57)]	Definiert *Ehrenamt* über drei Kriterien. • im *institutionellen Rahmen* einer Orga-nisation außerhalb des Haushalts be-ziehungsweise der Familie • Aktivitäten stets *unbezahlt* • *dienen* vor allem *Dritten* oder der *All-gemeinheit*. Auf eine weitere Untergliederung wird verzich-tet. [*Aktive*: Ehrenamt, Pflege, informelle Hilfe der Familienangehörigen, Freunde, Nachbarn.]
Alterssurvey (BMFSFJ 2005)	Mit dem Begriff *„gesellschaftliches Engagement"* wird das gesamte Spekt-rum freiwilliger Tätigkeiten zusammenge-fasst und in vier Ebenen gegliedert (Un-terscheidung in): • *„traditionelles" Ehrenamt „* • *„neues" Ehrenamt* • *andere Funktionen* • *informelle freiwillige Tätigkei-ten oder Hilfen*	*„traditionelles" Ehrenamt* – auf sozialer und politischer Ebene in Verbänden und Parteien *„neues" Ehrenamt* – in selbst- und fremdorgani-sierten Gruppen *andere Funktionen* – zum Beispiel als Elternver-treter oder Schöffe *informelle freiwillige Tätigkeiten oder Hilfen* – ohne organisatorischen Rahmen
Sozioökono-misches Panel (SOEP) (Künemund/ Schupp 2007)	*„Ehrenamt"* und *„Netzwerkhilfe"* Das Unterscheidungskriterium ist die institutionelle Ebene.	*„Ehrenamt"* – eine unentgeltliche Tätigkeit in Anbindung an eine Organisation außerhalb des Haushalts *„Netzwerkhilfe"* - selbst organisierte Hilfe für Personen außerhalb des privaten Haushalts

Quelle: Mai/Swlaczny 2008 (eigene Tabelle).

2.2 Trends im bürgerschaftlichen Engagement

Als Aspekte eines allgemeinen Modernisierungstrends (vgl. BMFSFJ: 2005: 342f.) des bürgerschaftlichen Engagements sind hier zunächst *Pluralisierung, Individualisierung* und *Motivwandel* zu nennen. Von *Pluralisierung* des Engagements wird insofern gesprochen, als zu den klassischen Formen des Engagements (in Vereinen, Verbänden, Parteien) andere Formen der Kooperationen dazukommen (z.B. Nachbarschaftshilfe oder Zusammenschlüsse im Bereich Ökologie, Gesundheit u.a.). *Individualisierung* des Engagements beschreibt die Tatsache, dass Engagement heute unabhängiger von traditionellen Bindungen erfolgt. Nicht mehr das im Laufe der Sozialisation an ein bestimmtes Milieu gebundene Engagement ist ausschlaggebend für den weiteren Engagement-Verlauf und die Wahl der Form und des Bereichs für das eigene Engagement. Ein *Motivwandel* ist festzustellen von altruistischen Motiven, gekennzeichnet durch Begriffe wie Nächstenliebe, Selbstaufopferung, Pflichterfüllung, hin zu eher selbstdienlichen Motiven. Der Einsatz und das Erlernen von Fähigkeiten, sinnvoller Einsatz der eigenen Zeit und Autonomie in der Aufgabenwahl spielen zunehmend eine wichtigere Rolle. Alle drei Entwicklungen sind bei der Gruppe der Älteren noch weniger als in anderen Bevölkerungsgruppen zu beobachten. In den kommenden Jahren wird sich mit neuen Kohorten älterer BürgerInnen dieser Trend verstärkten, ohne dass jedoch die klassischen Engagement-Formen abgelöst werden. Allerdings wird den neuen Engagement-Formen eine Pionierfunktion für die Etablierung dieser innovativen Formen zugesprochen.

Darüber hinaus werden mehr und mehr projektbezogene und damit befristete Engagements den langandauernden und auf Lebenszeit bestehenden Engagement-Formen vorgezogen, wie auch ein verstärkter Wunsch nach verantwortlichem Mitgestalten besteht. Mittlerweile nimmt das Thema Anerkennung einen wichtigen Platz in der Diskussion um Engagement-Förderung ein. Allerdings werden von älteren Menschen immaterielle Anreize (Auszeichnungen und Ehrungen, öffentliche Berichterstattung, Dankeschön-Aktionen persönlicher wie institutioneller Natur) als wichtiger eingeschätzt als geldwerte Anerkennungsformen. Weiterbildung wird als eine Form der Anerkennung in besonderer Weise von Älteren geschätzt. Dabei ist leitendes Motiv für Frauen eher Neues kennen zu lernen, wohingegen Männer stärker ihre bisherigen im Beruf gewonnen Kompetenzen weitergeben oder zum Einsatz bringen möchten.

Des Weiteren wird in der Diskussion über die Bedeutung bürgerschaftlichen Engagements stärker über die Rolle von Unternehmen nachgedacht und auch die Rolle von Stiftungen rückt stärker in den Fokus des öffentlichen Interesses.

Speziell im Bereich des bürgerschaftlichen Engagements Älterer tritt die Gruppe der sogenannten „jungen Alten" besonders ins Blickfeld. Ihr Potential wird als hoch eingeschätzt und stößt daher auf allerlei Begehrlichkeiten wie an diversen entwickelten Modellprogrammen für gerade diese Zielgruppe abzulesen ist. Wird eine Einteilung in ein „junges" und ein „altes" Alter vorgenommen, ist damit häufig eine Zuschreibung in der Weise verbunden, dass die noch fitten, aktiven, leistungsstarken Älteren dem „jungen" Alter zugerechnet werden und demgegenüber das „alte" Alter oder die Hochaltrigkeit all die negativen Zuschreibungen erhält, die vormals auf dem Alter an sich lasteten wie pflege- und hilfebedürftig zu sein, mit Mobilitätseinschränkungen und Demenz leben zu müssen, unter Vereinsamung zu leiden und von der Gesellschaft zurückgezogen leben zu wollen. Auch wenn mit zunehmendem Alter viele Risiken zunehmen und Verluste sich mehren, gibt es eine große Bandbreite bis ins hohe Alter hinein was vorhandene und einsetzbare Fähigkeiten und Fertigkeiten, Ressourcen und soziales Kapital anbelangt. Die Unterschiede sind nicht nur von Individuum zu Individuum zu verzeichnen, sondern auch intrapersonell. In diesem Zusammenhang wird von differentiellem Altern gesprochen. Um der Heterogenität des Alters gerecht zu werden, wird in dieser Arbeit bewusst auf eine ausgesprochene Einteilung in ein „junges" und „altes" Alter verzichtet.

In zwei Richtungen wird das bürgerschaftliche Engagement Älterer als besonders vielversprechend angesehen, als Engagement „Älterer für Ältere" und als Engagement, welches den Zusammenhalt der Generationen fördert (BMFSFJ: 2005: 49).

(vgl. BMFSFJ: 2005: 342ff.)

2.3   Soziale Ungleichheit und bürgerschaftliches Engagement

Auf den Aspekt ungleicher zivilgesellschaftlicher Teilhabechancen macht Hinte aufmerksam, wenn er anmahnt, jene gesellschaftlichen Gruppen nicht zu vergessen „deren Ausstattung nicht ohne weiteres ausreicht, um im Konzert der Bürgergesellschaft ein hörbares Instrument zu spielen" (Hinte 2004: 4). Benachteiligte Bevölkerungsgruppen sind deutlich unterrepräsentiert im bürgerschaftlichen Engagement und politischer Partizipation in der Kommune weist ähnliche Tendenzen auf. „Vor allem gut ausgebildete, einkommensstarke, sozial integrierte Angehörige der oberen Mittelschicht und der Oberschicht machen von den in der Kommunalpolitik verfügbaren Einflussmöglichkeiten Gebrauch. Personen, denen diese Eigenschaften [wenn Einkommen als Eigenschaft bezeichnet werden kann, Anm. d, Verf.] fehlen, bleiben politisch weitgehend passiv." (Gabriel 2002: 142)

Auch in den Freiwilligensurveys des Bundesministeriums weist Gensicke auf die zentralen Zusammenhänge von Engagement und gesellschaftlicher Integration hin und beschreibt als die drei zentralen Faktoren, von denen Engagement der BürgerInnen abhängt: Bildung, private Netzwerke und Wertorientierung (Gensicke 2006: 9ff.)

Wird nur ein kurzes Blitzlicht an dieser Stelle auf die Vorzüge eines Engagements geworfen: erfahrene Wertschätzung, die einen Zuwachs an Lebensqualität bedeutet, Aufrechterhaltung körperlicher und geistiger Leistungsfähigkeit durch einen engagierten Lebensstil, die zu einer selbstbestimmten Lebensführung beiträgt (Kruse/Wahl 2010: 376ff.), erscheint es zwingend, nach Möglichkeiten und Wegen zu suchen, wie gerade ein Engagement derer gefördert werden kann, die sich bislang nicht in der Lage sehen oder denen die Voraussetzungen fehlen, sich einzubringen und „mitzumischen". Sozial benachteiligte Menschen haben oft nicht die Erfahrung gemacht, dass ihre Stimme Folgen hat. „Es sind weniger die Erfahrungen von gelungener Mitbestimmung, sondern eher das Erleben, dass sogar das eigene Leben von fremden Instanzen bestimmt wird, deren Regel man nicht durchschaut, von Institutionen, wie z.B. Schule oder dem Wirtschaftssystem, denen gegenüber man seine Interessen nicht durchsetzen kann." (Munsch 2005: 137)

Für von Armut betroffene Bevölkerungsgruppen ist ihr Existenzkampf ein weiterer und wesentlicher Hinderungsgrund für Engagement. Wer mit der Sicherung elementarer Lebensvoraussetzungen beschäftigt ist, hat in seiner Alltagsgestaltung wenig Raum für Engagement, sein Sinn ist eher auf die Bewältigung der nächsten Tage und der für ihn naheliegenden Probleme gerichtet. Die größte Bereitschaft zur Mitwirkung der unteren sozialen Schichten ist im sozialen Nahbereich und im Bereich der eigenen Betroffenheit und der Selbsthilfe zu finden. Ihre Mitwirkungsbereitschaft entspricht hier dem Bevölkerungsdurchschnitt (Fehren 2008: 100). Engagement-Förderung, in der auch benachteiligte Bevölkerungsgruppen mit einbezogen werden, legt daher einen Quartiersbezug nahe und muss Eigennutz zulassen.

Ein Blick auf das Engagement Älterer lässt Stärken und Schwächen der bisherigen Engagement-Kultur erkennen. Auch hier sind es jene, die durch Berufstätigkeit und sozialen Status gewohnt sind, Beteiligungsmöglichkeiten zu suchen und Beteiligungschancen in der nachberuflichen Phase zu nutzen. So ist beispielsweise die Aufteilung in öffentlich sichtbare Ehrenämter für Senioren und die öffentlich wenig sichtbare Kümmer- und Sorgearbeiten für Seniorinnen je ausgeprägter desto älter die SeniorInnen sind. „Frauen sind es auch bei den Älteren, die eher ehrenamtliche Arbeit leisten, während Männer eher die Ehrenämter innehaben." (Notz 2008: 236) Auch wenn Bürger sich zusammentun und etwas gestalten wollen wie im bürgerschaftlichen Engagement, folgen sie Rollenmustern und treffen auf Zuschreibungen. Gisela Notz (Notz 2008: 238) spricht in diesem Zusammenhang von Voraussetzungen und zu überwindenden Widerständen, um sich nicht weiter mit einem solchen Status Quo zufrieden zu geben. „Zivilgesellschaft ist nicht per se herrschaftsfreier Raum." (Kreisky/Sauer 1998: 37) Es gibt subtile Mechanismen von Herrschaft, die sehr viel mit der Geschlechterfrage zu tun haben und in Förderstrukturen für mehr bürgerschaftliches Engagement Berücksichtigung finden müssen.

Im Hinblick auf nachrückende Kohorten älterer Menschen, die im Durchschnitt eine bessere Bildung genossen haben und über größere Zeitkapazitäten und höhere ökonomische Ressourcen verfügen, ist einerseits mit einer höheren Beteiligung von Älteren und gerade auch Bürgerinnen zu rechnen. Neue Kohorten Älterer fordern andere Mitbestimmungs- und Beteiligungsmöglichkeiten heraus. Es wird auch von einem Wandel des Ehrenamtes gesprochen. Andererseits werden Geschlechterhierarchien nicht einfach beim Übergang in den Ruhestand oder nach Beendigung der Reproduktionsphase abgelegt. Gerade an den im Erwerbsleben immer noch herrschenden ungleichen Verteilungsmechanismen (25% geringeres Einkommen von Frauen gegenüber Männern; Frauen, die deutlich unterrepräsentiert sind in leitenden Positionen) wird deutlich, dass Bildung zwar eine Voraussetzung für bessere Chancen darstellt, sie aber nicht automatisch, gleichsam wie von selbst, soziale Ungleichheit beseitigt. Dies lässt sich auf andere benachteiligte Gruppen übertragen. Auch im bürgerschaftlichen Engagement ist Bildung und Qualifizierung daher ein wichtiger Faktor, die fachliche und für das Engagement hilfreiche Kompetenzen bereithält. Sie muss jedoch auch Lernen am Modell bieten (was beispielsweise das zahlenmäßige Verhältnis von Männern und Frauen, alten und hochalten, Menschen mit und ohne Zuwanderungsgeschichte in der öffentlichen Darstellung betrifft) und zu Reflexion und einem Einüben neuer Rollen Gelegenheiten bieten. Erfahrungswissen und die über den Lebenslauf auch außerhalb von Erwerbsbeteiligung erworbenen Ressourcen (im Familienkontext, in der Zuwanderung, in der Bewältigung herausfordernder Situationen) bilden dabei eine gute Grundlage, bedürfen der Wertschätzung und müssen manchmal als Potential erst bewusst gemacht werden, um als Ressource zum Einsatz gebracht werden zu können. Vorbereitung und Qualifizierung für ein bürgerschaftliches Engagement kann hierzu verhelfen.

Die Beteiligung am Engagement (vgl. Olk 2009: 191ff.) ist nicht gleichmäßig über alle sozialen Gruppen verteilt, sondern folgt einem Muster sozialer Ungleichheit, wie einige Zahlen belegen. Männer sind in allen Altersgruppen häufiger engagiert als Frauen, allerdings schrumpfen die Unterschiede im höheren Alter. Die Haushaltsgröße spielt eine Rolle nach dem Muster je größer der Haushalt desto wahrscheinlicher ist das Engagement. Fällt, wie im Alter, die integrierende Wirkung der Berufstätigkeit weg, sinken die Engagement-Quoten. Ebenso ist eine gewisse Berufsnähe des Engagements festzustellen. Menschen mit höherem Berufsstatus engagieren sich eher als solche mit niedrigem Berufsstatus. So steht bei den 65- bis 74-Jährigen eine Engagement-Quote von 33% der Selbstständigen, Angestellten und Beamten einem Prozentsatz von 19% der Arbeiter entgegen. Auch formale Bildungsabschlüsse zeigen an, in wieweit Engagement zu erwarten ist. Beteiligung ist also ungleich verteilt. Je höher der Bildungsstand, der berufliche und sozioökonomische Status, desto eher wird die Person vermutlich engagiert sein.

(vgl. Olk 2009: 191ff.)

Informelle Hilfe- und Unterstützungsleistungen werden in den meisten Studien zum bürgerschaftlichen Engagement nicht abgefragt. Diese werden jedoch häufig im sozialen Nahraum geleistet, also dort, wo sich auch benachteiligte Bevölkerungsgruppen in der Höhe vergleichbar mit dem Bevölkerungsdurschnitt engagieren. Ihre niedrigen Engagement-Quoten sind daher zu hinterfragen, ohne dabei das Ziel aufzugeben, Wege der Engagement-Förderung zu finden, die gerade sie ermutigen, sich einzubringen. Der Gefahr einer Stigmatisierung durch Engagement-Berichte und -Zahlen ist entgegenzuwirken. Um für ältere Menschen als Akteure ihr bürgerschaftlichen Engagement ertragreich zu machen, müssen lebensphasen- und lebenslageangemessene Entwicklungs- und Gestaltungsspielräume des Engagements gefördert werden bezogen auf soziale Lage, Geschlecht, Ethnie (Backes: 2005: 163).

2.4   Engagement im Alter

Engagement-Quoten. Werden im Folgenden Quoten und Bereiche des Engagements näher beleuchtet und Kohorten-Effekte beschrieben, stützen sich diese Ausführungen auf Aussagen des dritten von der Bundesregierung in Auftrag gegebenen Freiwilligensurveys (vgl. BMFSFJ 2009: 155ff.). Im Lichte der demografischen Entwicklung und ihrer vorausgesagten Folgen für die sozialen Sicherungssysteme gewinnt bürgerschaftliches Engagement Älterer, also der demnächst so vielen, die aus dem Erwerbsleben freigesetzt werden und ausgeschieden sind und infolge dessen über die so wichtige Ressource Zeit verfügen, an Bedeutung. Aktiv und leistungsfähig werden ältere Menschen zunehmend angefragt, ihr soziales Kapital im bürgerschaftlichen Engagement einzubringen. Für den Einzelnen, der die Bewältigungsarbeit der Lebensphase Alter zu meistern hat, ist Engagement ein Weg zivilgesellschaftlicher Integration. Ältere Menschen erfreuen sich einer zunehmend guten Gesundheit (bessere Gesundheit als früherer Kohorten Älterer und Kompression der Morbiditätsphase) und sind als „Kid der Gesellschaft" begehrt, andererseits steigt durch die dazu gewonnenen Jahre die Wahrscheinlichkeit pflegebedürftig zu werden und auf Hilfe angewiesen zu sein im höheren Lebensalter. Im dritten Freiwilligensurvey zeigt sich diese Gleichzeitigkeit. Ältere sind sowohl auf der Akteurs- wie auf der Adressatenseite zu finden.

Ältere bringen sich immer stärker in die Zivilgesellschaft ein. Die über 65-Jährigen engagierten sich 1999 noch zu 23%, 2004 zu 25% und 2009 zu 28%. Hier ist also ein Anstieg in den letzten zehn Jahren zu verzeichnen. Ein Blick auf die Engagement-Quote der verschiedenen Altersgruppen innerhalb der ab 60-Jährigen, zeigt Unterschiede im Zuwachs an Engagement. Die Gruppe der 60- bis 69-Jährigen engagierte sich 1999 zu 31%. Der Zuwachs war bis 2004 am größten, ihre Engagement-Quote stieg auf 37%. Bei den 70- bis 75-Jährigen war ein Zuwachs von 24% im Jahre 1999 auf 30 % im Jahre 2009 zu verzeichnen (stärkerer Zuwachs bis 2004 als danach). Bei den 76- bis 80-Jährigen stieg die Engagement-Quote langsamer und auf einem niedrigeren Niveau von 19% auf 21% von 1999 bis 2009. Die Grenze für die aktive Beteiligung an der Zivilgesellschaft verschiebt sich auf ein Alter von 75 Jahren bisweilen auch darüber hinaus. Einerseits begünstigt die zunehmende geistige und körperliche Fitness das Engagement, andererseits trägt Engagement zum Wohlbefinden bei, da dem Motto „Use it or loose it" folgend Engagement der Aktivierung eigener Kräfte und sozialer Integration dient. Gensicke betont jedoch, dass schon eine öffentliche Beteiligung für die Integration wichtig ist, ohne dass Ältere eine bestimmte freiwillige Tätigkeit übernehmen.

Ältere sind gleichzeitig, da sie immer älter werden, auch Zielgruppe bürgerschaftlichen Engagements Älterer. „Je älter die Engagierten, desto häufiger setzten sie sich auch für ältere Menschen ein (33 % der über 65-Jährigen, 38 % der über 75-Jährigen)." (BMFSFJ 2009: 38) Bevorzugt Frauen kümmern sich um alte Menschen. Allerdings spielt Verwandtschaft für sie dabei keine nennenswerte Rolle, sodass nicht von einer „Verlagerung von Pflege- und Betreuungsleistungen aus dem familiär-privaten in den öffentlichen Bereich" (BMFSFJ 2009: 38) gesprochen werden kann. Gerade häuslich Pflegende sind unter den Engagierten zu finden, was dafür spricht, dass sie im Engagement einen Ausgleich zu pflegerische Tätigkeiten und einen Austausch über ihre geleistete Unterstützung oder finden.

(vgl. BMFSFJ 2009: 155ff.)

Engagement-Bereiche. Insgesamt liegen die Schwerpunkte des Engagements Älterer (vgl. BMFSFJ 2009: 155ff.) im kirchlichen und sozialen Bereich wie auch seit 2004 im Bereich Sport und Bewegung, was der erhöhten Fitness und Vorsorgebereitschaft geschuldet sein dürfte. Ebenso sind Kultur und Musik sowie der Freizeitbereich weiterhin größere Domänen des Engagements Älterer und eine stetige Zunahme hat es auch in den Bereichen Umwelt- und Tierschutz, Politik und bürgerschaftliches Engagement am Wohnort (wie die vermehrte Versorgung gesundheitlich geschwächter bzw. höher betagter älterer Menschen).

Direkte Mitgestaltung des Gemeinwesens erfreut sich zunehmender Beliebtheit. Ältere Männer erreichen mit ihrer Engagement-Quote im sportlichen Bereich einen Umfang, der weitgehend dem Durchschnitt der Gesamtbevölkerung entspricht (10 %). Frauen sind hier deutlich weniger engagiert (4 %). Die Unterschiede sind im gesamten Vereinsbereich zwischen älteren Frauen und Männern groß, bereits bei Kultur und Musik, insbesondere aber bei Freizeit und Geselligkeit. Im stark gewachsenen ökologischen und politischen Engagement sind besonders ältere Männer vertreten. Besonders auffällig werden von Frauen die Schwerpunkte des Engagements sowohl im Bereich Soziales als auch im Bereich Kirche und Religion gesetzt. Sich um die ihnen vom Alter her nahestehende Bevölkerungsgruppe zu kümmern, hat für die gesamte Gruppe der Älteren zugenommen allerdings ist für 41 % der engagierten Frauen dies ein Anliegen, demgegenüber wählen 24% der Männer diese Zielgruppe für ihr Engagement aus. Frauen engagieren sich mehr als Männer für Hochbetagte. Absolut setzen sich 8 % der engagierten älteren Frauen für Menschen im Alter von über 75 Jahren ein, bei 2% der Männer ist dies der Fall. (vgl. BMFSFJ 2009: 155ff.)

„Je anerkannter, prestigeverbundener, einflussreicher und in diesem Sinne politischer ein Ehrenamt ist, desto eher finden sich dort Männer. Und umgekehrt, je unauffälliger, verborgener, alltäglicher und in unmittelbare menschliche Alltagsbeziehungen eingebettet das Engagement ist, desto eher wird es von Frauen (auch im Sinne der „typischen" weiblichen Beziehungsarbeit) geleistet" (Auth 2009: 309)

Kohorteneffekte im Engagement. Neben besserer Gesundheit und gestiegener Fitness der Älteren wirken sich auch zeitgeschichtliche Prozesse auf die heutige Situation des Engagements älterer Menschen aus. Werden verschiedene Jahrgänge mit den für sie spezifischen gesellschaftlichen Ereignissen und dem Einfluss auf ihren Lebensverlauf betrachtet wird von Kohorteneffekten (vgl. BMFSFJ 2009: 159ff.) gesprochen. Kohortenanalysen[3] zeigen die Auswirkungen solch kollektiver Prägungen. So werden im Freiwilligensurvey nahezu identische Gruppen bestimmter Jahrgänge genau 10 Jahre später wieder untersucht. „Verfolgt man die Alterskohorten von 1999 über die Zeit, erkennt man in den Daten von 2009, dass offensichtlich die zwei 5-Jahres-Kohorten der 1999 55- bis 64-Jährigen ihre Neigung zum Engagement im Älterwerden „mitgenommen" haben." (BMFSFJ 2009: 160)

Sie haben zu Verstetigung und Stabilisierung des Engagements beigetragen. War offensichtlich noch 1999 mit dem Älterwerden auch ein Rückzug verbunden, so ist dies in der oben beschriebenen Gruppe 2009 so nicht feststellbar, lediglich die Kohorte der 1999 65- bis 69-Jährigen hat ihr Engagement von 29 % auf 20 % stark reduziert, was jedoch damit erklärt werden kann, dass für sie gesundheitliche Einbußen 2009 wahrscheinlicher sind.

Abbildung 1:   Kohorteneffekte 1999-2009

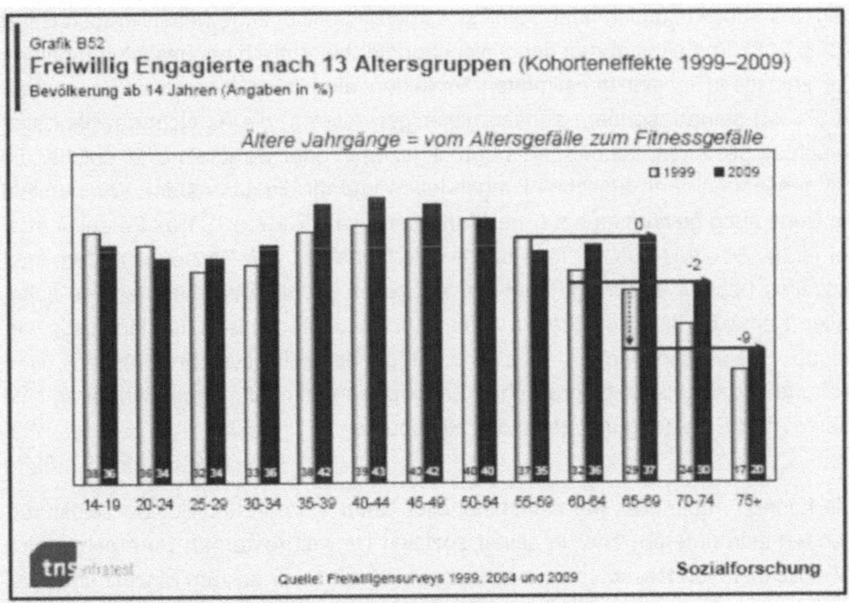

Quelle (Gensicke 2010: Freiwilligensurvey 1999 – 2004 – 2009)

---

3 Kohortenanalysen: Bestimmte Altersgruppen werden in bestimmten Abständen auf ihrem Weg durch die Zeitgeschichte verfolgt.

Die derzeit positive Korrelation zwischen Bildungsstand und Engagement ist jedoch für die Zukunft nicht zwangsläufig hochzurechnen und ein umfangreiches Engagement der zukünftigen Älteren zu erwarten (Aner/Karl/Rosenmayr 2007: 22). Nicht mehr durchgängige Erwerbsbiografien und prekäre Beschäftigungsverhältnisse beispielsweise alleinerziehender Frauen erhöhen das Risiko der Armut im Alter. Altersarmut und die mit dem Einkommens- und Vermögensspielraum verbundenen Einschränkungen auch in anderen Dimensionen der Lebenslage werden in Zukunft für größere Teile der Bevölkerung ein bestimmendes Thema sein, als das bei den heutigen Alten der Fall ist. Werden also schon heute Möglichkeiten zur sozialen Teilhabe benachteiligter Gruppen der Alterspopulation gefunden, kann dies auch als vorausschauende Strategie kommunaler Seniorenpolitik gewertet werden.

Die Heterogenität des Alters wird eher zu- als abnehmen, sodass es in der Engagement-Förderung darum gehen muss, vielfältige Ansatzpunkte für verschiedene Ziel- und Akteursgruppen zu entwickeln. Dies muss mit ihnen nicht für sie geschehen, denn zivilgesellschaftliche Aktivitäten sind immer auch Konstruktionsleistungen des Subjekts und können somit sozialpolitisch nicht zugewiesen werden (Aner 2008: 208). Im Fokus dürfen dabei nicht nur die „biografisch begünstigten Pioniere, die selbsttätig in selbstbestimmten Projekten aktiv sind" (Aner/Karl/Rosenmayr 2007: 23) stehen, sondern ebenso diejenigen Älteren, die es nicht gewohnt sind forsch zu gestalten, sondern eher zurückgezogen oder verhalten sind, solche, die mit gesundheitlichen Einschränkungen leben und für die das nähere Wohnumfeld an Bedeutung gewonnen hat (Aner/Karl/Rosenmayr 2007: 23). Das Potential Älterer ist das Produkt aus der individuellen Verfügbarkeit von Ressourcen, dem individuellen Lebensverlauf und dem institutionellen, wohlfahrtsstaatlichen wie kulturellen Kontext (Hank/Erlinghagen 2008: 10). Im Lebensverlauf sind langfristig wirkende Sozialisationserfahrungen und prägende kollektive Erfahrungen einer Kohorte mit singulären biografischen Ereignissen verknüpft. Gebunden daran sind die im Alter zur Verfügung stehenden Ressourcen.

(vgl. BMFSFJ 2009: 159ff.)

Sie können materieller wie nichtmaterieller Natur sein, im Individuum selbst vorhanden sein (interne) oder in seiner sozialen Umwelt (externe). So ergeben sich zwei Achsen von Ressourcenkategorien, innerhalb derer es zum Einsatz und Austausch von Ressourcen bzw. zur Erschließung vorhandenen Potentials kommt (Bünder 2002: 207).

3 Faktoren für die Aufnahme bürgerschaftlichen Engagements Älterer

3.1 Ressourcen Älterer

Die Ressourcen älterer BürgerInnen zählen, wie vielfach schon angeklungen, zu den wesentlichen Faktoren für bürgerschaftliches Engagement. Jedoch wird nur jemand, der sich auch als Habender begreift, in der Lage und willens sein, sich einzubringen. So spielen einerseits die de facto vorhandenen Ressourcen eine wichtige Rolle für die Ausübung eines Engagements, andererseits entscheidet die subjektive Bewertung der eigenen Möglichkeiten und Lage mit darüber, ob ein Engagement wahrscheinlich wird. So werden zunächst *Zeit* und Lebenslagedimensionen Älterer wie, *materielle Ausstattung, Bildung und Erfahrungswissen, Gesundheit und Kooperationsspielraum* näher in Augenschein genommen.

3.1.1 Zeit

Zeit ist eine Ressource, von der angenommen wird, dass sie Menschen im Ruhestandsalter in hohem Maße zur Verfügung haben. Dem gegenüber steht das Bild des stets beschäftigten Rentners, der von Ruhestandstermin zu Ruhestandtermin eilt und nach einer freien Minute gefragt, kaum eine davon zu haben scheint. Welche Zeitkontingente stehen also in dieser Altersphase wirklich zur Disposition, sind frei verfügbar und werden auch als solche empfunden? Wenn es darum geht einen Anteil der neu hinzugewonnen Zeit für bürgerschaftliches Engagement aufzuwenden spielt jedoch nicht nur die objektiv zur Verfügung stehende Zeit sondern auch die subjektiv verbleibende Zeit eine Rolle. Forderungen beispielsweise nach einem Sozialen Jahr für alte Menschen heben jedoch allein auf die objektive Zeitdimension ab.

Zeit kann von ihrer Funktion her unterschieden werden nach persönlicher, die der aktiven und passive Regeneration dient, familialer, die für haushalts- und personenbezogenen Versorgung verwandt wird, und öffentliche, unter die Erwerbszeiten und solche Zeiten mit ähnlich verpflichtendem Charakter subsummiert werden, z. B. Ehrenämter in Institutionen und Vereinen (Köller 2007: 129). Im Alter steht deutlich weniger öffentliche Zeit einem Zuwachs in erheblichem Umfang der persönlichen Zeit gegenüber. Allerdings deckt sich das subjektive Zeitempfinden nicht mit dem frei zur Verfügung stehenden Zeitkontingent (Köller 2007: 132). Durch den Eintritt in den Ruhestand und die ggf. beendete Familienphase (Empty Nest

Phase[4]) verändern sich zwar die Zeitstruktur und die Verteilung der Zeitblöcke (persönliche, familiale, öffentliche Zeit), der Eintritt in den Ruhestand wird jedoch nicht als Zugewinn an Zeit erlebt (Köller 2007: 130). Das mehr an Zeit wird nahtlos in das Alltagsleben integriert und fällt nicht auf. Die Zeit versickert sozusagen im Alltag. Mehr Zeit wird in der Wohnung verbracht und für Verrichtungen des täglichen Lebens und der Regeneration verwandt, aber auch für die Unterstützung anderer Haushalte genutzt (Köller 2007: 133f.).

Zudem weicht im Alter das lineare Zeitbewusstsein einem zyklischen. Lineare Entwicklungen in Beruf und Familie sind in der Regel abgeschlossen. Wiederkehrende Abläufe und Routine (zyklisch) werden im Vollzug als lang und gleichförmig erlebt, da sie jedoch wenig spektakuläre Momente enthalten im Rückblick eher als kurz, „das Leben geht schnell vorüber", eingeordnet. Im Angesicht der verrinnenden Lebenszeit und dem zu erwartenden Ende entsteht ein empfundener Zeitdruck (Köller 2007: 131).

Da der Ruhestand als Lebensphase jedoch nicht für sich allein steht, kann auch das subjektive Zeitempfinden im Alter nur im Kontext des gesamten Lebensverlaufs betrachtet werden. Auch die Bereitschaft, im bürgerschaftlichen Engagement Zeit zur Verfügung zu stellen, wird beeinflusst durch die individuelle Biografie (Köller 2007: 134). Das Erwerbsleben prägt bis in den Ruhestand hinein Zeitwahrnehmung und Zeitverwendung. Denn es zeigt sich, dass erwerbsbezogenen Zeitstrukturen im Ruhestand beibehalten werden (Köller 2007: 135) Unterschiedliche Planungskompetenzen, die im Erwerbsleben gefördert wurden und zum Tragen kamen, treten auch bei der Strukturierung des Ruhestandes zu Tage.

Zwei Typen (Köller 2007: 136 f.) von Erwerbsbiografien lassen sich unterscheiden, die mit unterschiedlichen Erwartungen an die Zeit des Ruhestands verknüpft werden. Die einen erlebten eine hohe Arbeitsbelastung und Arbeitsverdichtung im Erwerbsleben. Daraus resultiert für den Ruhestand ein Nachholbedarf, sich mit Hobbys, der Familie und Enkelkindern befassen zu können. Ein aus Belastungen der Erwerbsarbeit resultierendes Regenerations- und Kompensationsbedürfnis kann ggf. erst nach dem Arbeitsleben gestillt werden. Ruheständler dieses Typs lehnen es ab, die erwerbsbezogenen Zeitstrukturierung auf den Ruhestand zu übertragen. Sie genießen es, ihre Zeit nicht zu strukturieren und flexibel mit ihr

---

4 Empty Nest Phase beschreibt die Situation vieler Frauen, die sich ausschließlich oder vorwiegend der Familiensorge gewidmet haben und nach dem Auszug der Kinder aus dem gemeinsamen Haushalt nun vor der Aufgaben stehen, die vormals durch den Familienalltag vorgegebene Zeit- und Aufgabenstruktur neu und anders gestalten zu müssen.

umgehen zu können. Sie möchten sich zeitlich nicht neu verpflichten, was nicht heißen muss, dass sie sich nicht engagieren wollen für das Gemeinwohl. Zeitvorgaben lehnen sie jedoch ab. Die anderen erlebten kaum zeitliche Belastungen. Sie übernehmen die Zeitverwendungsmuster ihres Erwerbslebens für den Ruhestand. Auch sie genießen die zeitliche Flexibilität des Ruhestands und lehnen ebenso eine Fremdbestimmung von außen ab. Heutige Alte sehen also die ihnen zur Verfügung stehende Zeit nicht als öffentliche sondern private Ressource an (Köller 2007: 138). Das Engagement gerade jüngerer Alter zeigt, dass sie durchaus bereit sind, ihre Zeit zur Verfügung zu stellen, Erfahrungen und Kompetenzen in die Gesellschaft einzubringen.

Unterschiede zwischen den Geschlechtern werden auch in der Zeitverwendung deutlich. So steht bei Männern einem Neubeginn nachberuflicher Tätigkeiten in den seltensten Fällen eine familiale Verpflichtung im Wege (Backes 2007: 168). Frauen, denen über ihren Lebensverlauf hinweg mehrheitlich und zum größten Teil die Versorgung des Haushaltes und der Sorgearbeit oblag, werden im Alter aus dieser Aufgabenverteilung selten entlassen oder entziehen sich dieser nicht. Geschlechtshierarchische Arbeitsteilung im bisherigen Lebensverlauf wirkt bis ins Alter fort (Backes 2007: 169) und bestimmt über die Verwendung der eigenen Lebenszeit und der freien Kapazitäten im Alter. Jedoch nimmt die Zahl der Frauen zu, die ihre Zeit in der Lebensphase Alter anders verwenden möchten und sich wünschen, Kontrasterfahrungen zur bisherigen Biografie zu machen.

Sind materielle Ressourcen nicht in ausreichendem Maße vorhanden, hat dies u.U. eine direkte Auswirkung auf die Ressource Zeit. Renteneinbußen können dazu führen, dass zunehmend geringfügige Beschäftigungsverhältnisse im Ruhestand angenommen werden, um den Lebensstandard zu sichern (Aner 2008. 211). Bürgerschaftliches Engagement braucht daher eine abgesicherte Existenz im Alter.

Durch eine bessere Vereinbarkeit von Familie und Beruf oder eine bessere Absicherung von Pflegerisiken würden Zeitressourcen der jüngeren Alten freigesetzt. Sie übernehmen derzeit die Enkelkinderbetreuung und die Pflege der hochbetagten Eltern (Aner 2008: 211). Diese in großem Umfang geleisteten informellen Hilfeleistungen (im Durchschnitt 35 Stunden pro Monat mit einem Anteil von 21% der 40- bis 85-Jährigen Frauen und 15% der Männer gleichen Alters) finden in kaum einer Studie zum bürgerschaftlichen Engagement ihren Niederschlag (DZA 2005: 3). Auch hier bleibt die vorwiegend von Frauen geleistete Arbeit eher unsichtbar. Niedrigere Quoten von Frauen im bürgerschaftlichen Engagement gegenüber Männern erscheinen in einem anderen Lichte oder erklären sich auf diese Weise.

Ein Zwischenfazit zur Ressource Zeit lautet daher, Formen bürgerschaftlichen Engagements müssen auf die Bedürfnisse älterer BürgerInnen hinsichtlich ihrer Zeitverwendung eingehen. Sie müssen flexibel sein, Mitbestimmung und Mitgestaltung ermöglichen und die Gelegenheit bieten sowohl an der eigenen Biografie anknüpfen zu können wie im Kontrast dazu zu stehen.

3.1.2 Materielle Ressourcen

Aus den im Laufe des Lebens angesammelten Alterssicherungsansprüchen und dem privaten Vermögen ergibt sich die materielle Lage Älterer. Die mittleren Einkommen Älterer stagnieren. Gleichzeitig wächst die Zahl derer, die mit geringerem Einkommen leben müssen, wie auch die Zahl derer, die mit sehr hohem Einkommen ausgestattet sind (DZA 2008: 2). Die Gruppe der 55- bis 69-Jährigen hat im Durschnitt 300 Euro mehr zur Verfügung als die 70- bis 85-Jährigen. Unterschiede finden sich auch zwischen Männern und Frauen, zwischen Ost und West und besonders deutlich zwischen verschiedenen Bildungsgruppen. So stehen Männern im Durchschnitt 200 Euro mehr zur Verfügung als Frauen, Westdeutsche 500 Euro mehr als Ostdeutschen und höher Qualifizierte (Abiturienten und Hochschulabsolventen) verfügen über annähernd das doppelte an finanziellen Mitteln als niedriger qualifizierte Ältere (DZA 2008: 2). Dementsprechend wird der eigene Lebensstandard bewertet. Hält in der niedrigsten Einkommensgruppe jeder vierte Ältere seinen Lebensstandard für gut oder sehr gut finden in der höchsten Einkommensgruppe acht von zehn Personen, dass dies zutreffend ist. Privates Geldvermögen steht vier von fünf Personen in der zweiten Lebenshälfte zur Verfügung, jedoch hat jeder fünfte ältere Mensch keinerlei Vermögen. Ungleiche Vermögensverhältnisse werden über Erbschaften, Sach- und Geldgeschenke erzeugt und verstärkt. So erben im Vergleich zu niedrig Gebildeten doppelt so viele höher Gebildete oder rechnen mit einer Erbschaft. Mehr als jeder Zweite besitzt selbst- oder teilweise selbstgenutzten Immobilien. Der Immobilienbesitz konzentriert sich nicht ganz so stark auf die Gruppe der höher Gebildeten. Eine zunehmende Zahl an Personen wird in Zukunft über kein privates Vermögen im Ruhestand verfügen, mit dem die mit dem Ruhestand verbundenen Einkommenseinbußen kompensiert werden könnten (DZA 2008: 4). Unter sich ändernden Rahmenbedingungen, sinkende Beitrags- und Leistungsniveaus der gesetzlichen Alterssicherung, wird die private Altersvorsorge zunehmend wichtiger. Allerdings brauchen Menschen hierfür den nötigen finanziellen Spielraum. Schon die Jahrgänge zwischen 1950 und 1960 müssen mit instabileren Erwerbsverhältnissen und diskontinuierlicheren Erwerbsverläufen leben, sodass mehr Ältere finanziell unzureichend abgesichert in den Ruhestand wechseln als dies bei früheren Kohorten der Fall ist (DZA 2008: 2). In private Altersvorsorge investieren gering Verdienende deutlich weniger als gut Verdienende. Gerade sie werden jedoch auf die private Altersvorsorge angewiesen sein werden, wenn weiter mit einer sinkenden gesetzlichen Alterssicherung zu rechnen ist. Für einen größeren Personenkreis wächst das Risiko der Altersarmut (DZA 2008: 5).

Für Ältere, die mit einem engen finanziellen Spielraum ausgestattet sind, darf Engagement dann keine zusätzlichen Kosten verursachen etwa durch Fahrtkosten. Vorab geleistete Auslagen, die später rückerstattet werden, stellen ebenso eine Hürde dar wie benötigte Arbeits- und Hilfsmittel. Zwar werden neuen Medien und Kommunikationsformen zunehmend auch von Älteren genutzt. Solche Wege der Vernetzung untereinander und zur Organisation der Tätigkeiten stellt aber für jene, die über solche Möglichkeiten aus finanziellen Gründen nicht verfügen ein weiteres Hindernis dar. Ganz abgesehen davon sind auch die Fähigkeiten und Fertigkeiten im Umgang mit neuen Medien häufiger bei denen mit höheren Bildung und sozialem Status zu finden.

Auch wenn für die Zukunft verstärkt mit Armut im Alter zu rechnen ist, verfügen weite Teile der heutigen Alterskohorten über eine gute bis sehr gute materielle Ausstattung. Das darf jedoch nicht darüber hinwegtäuschen, dass es auch heute schon erhebliche Unterschiede im Einkommen Älterer gibt und auch schon einige Gruppen von Älteren wie hochaltrige Frauen, die häufig allein leben und wirtschaften, sich mehrheitlich am unteren Ende der Einkommensskala befinden. Werden Einkommensgruppen der 80-jährigen Frauen mit denen der Männer verglichen zeigt sich dies besonders auffällig. Abbildung 3 und 4 lassen die unterschiedliche Verteilung individueller Nettoeinkommen von Frauen und Männern (nach zwei Altersgruppen getrennt) erkennen. Zu sehen ist hieran auch, dass zu den besonders gut Ausgestatteten wesentlich mehr Männern gehören als Frauen. So haben 8,5 % der 80-jährigen Männer 2600 Euro und mehr monatlich zur Verfügung. Dem stehen 2,0% der Frauen gegenüber mit gleicher Einkommenshöhe (© GeroStat – DZA. Berlin. Basisdaten: Statistisches Bundesamt, Wiesbaden – Mikrozensus. Vom 20.06.2011). Werden die Einkommensgruppen aller Personen ab 60 Jahren und älter verglichen ist zu beobachten, dass sich Frauen auch hier deutlich häufiger in den unteren Einkommensgruppen wiederfinden (© GeroStat – DZA. Berlin)

Abbildung 2:   Individuelles Nettoeinkommen von älteren Frauen in Deutschland
nach Altersgruppen

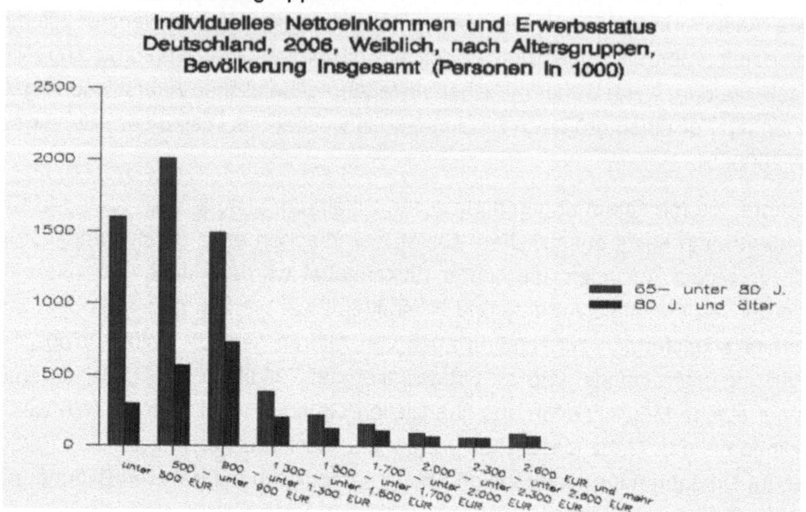

Quelle: © GeroStat – DZA. Berlin. Basisdaten: Statistisches Bundesamt, Wiesbaden – Mikrozensus.

Abbildung 3:   Individuelles Nettoeinkommen von älteren Männern in Deutschland
nach Altersgruppen

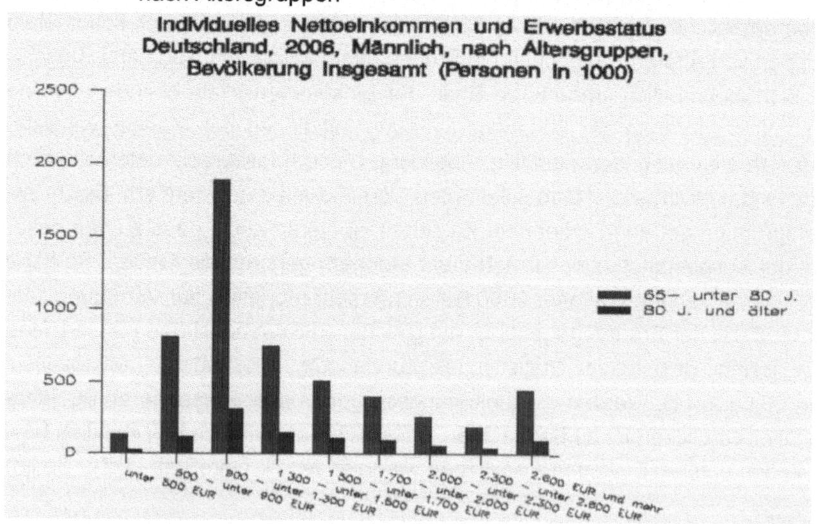

Quelle: © GeroStat – DZA. Berlin. Basisdaten: Statistisches Bundesamt, Wiesbaden – Mikrozensus.

Basisdaten: Statistisches Bundesamt, Wiesbaden – Mikrozensus. Vom 20.06.2011).

Vielen älteren Bürgern steht jedoch ein erheblicher materieller Spielraum zur Verfügung. Das tägliche Leben ist für sie abgesichert und sie haben somit eine solide Grundlage aus der heraus ein Engagement möglich wäre. Allerdings konkurriert bürgerschaftliches Engagement, ob der vorhanden materiellen Ressourcen, damit auch mit anderen Möglichkeiten sich zu betätigen. Es steht in Konkurrenz zu Freizeitaktivitäten, Reisen u.a. Ohne dass auf ihre Bedürfnisse in Form und Art des Engagements eingegangen wird, werden gerade auch die mitbestimmungsgewohnteren jüngeren oder zukünftigen Alterskohorten nicht den Weg in ein bürgerschaftliches Engagement finden. Gerade auch die höhere Bildungsbeteiligung jüngerer Kohorten von alten Menschen macht es nötig, neue Formen des Engagements zu finden. Die Gruppe derer, die materiell nicht gut ausgestattet ist, wird in Zukunft größer werden. Bei der Engagement-Förderung muss dies im Auge bleiben und berücksichtigt werden.

Unter der besonderen Perspektive sozialer Ungleichheit bzw. deren Minimierung kann ein Zwischenfazit zur materiellen Ressource nur lauten, dass mit einer Förderung bürgerschaftlichen Engagements die Schaffung von Rahmenbedingungen einhergehen muss, die bürgerschaftliches Engagement kostenfrei für engagierte BürgerInnen macht.

3.1.3 Bildung

Bildung ist ein wichtiger Faktor für eine selbstbestimmte Lebensgestaltung und dies bis ins hohe Alter hinein. Bildung wirkt im Zusammenhang mit bürgerschaftlichem Engagement in dreifacher Weise: Erfahrungen und Kompetenzen aus Beruf und eigener Lebensgeschichte fließen in das Engagement ein und bestimmen auch darüber ob dieses überhaupt aufgenommen wird, Ältere lernen von und durch ihr Engagement und Ältere bilden sich weiter und setzen dies für und mit anderen ein (Kade 2002: 101).

Der gewonnene Bildungsstand beeinflusst das Gesundheitsverhalten und die Lebenserwartung. Allerdings hängen Bildungsniveau und -aktivitäten nicht nur von den individuellen Fähigkeiten ab, sondern auch von den gesellschaftlichen und bildungspolitischen Rahmenbedingungen der jeweiligen Zeit. Ebenso war und ist Herkunft in der Bundesrepublik mitentscheidend darüber, welches Maß an Bildung jemand genießt bzw. aufnimmt oder aufgenommen hat (Stiehr/Spindler/Ritter 2010: 322). Wird die Bildung Älterer in Augenschein genommen, lohnt es unterschiedliche Kohorten zu betrachten, da für sie sehr unterschiedliche Rahmenbedingen (Stiehr/Spindler/Ritter 2010: 322) herrschten, die das weitere Lernverhalten prägten. Bevölkerungsgruppen mit hohem Alter weisen eine besonders niedrige formale Bildung auf. Die Jahrgänge vor 1922 haben das Schul- und Ausbildungssystem der Weimarer Republik durchlaufen und erlebten die Auswirkungen des Ersten Weltkrieges. Für die Jahrgänge ab 1923 bis 1937 fand die Schul- und Ausbildungszeit im Nationalsozialismus statt. Ihre Bildungschancen waren dementsprechend durch den Zweiten Weltkrieg eingeschränkt. Weitaus bessere Bildungschancen hatten die Jahrgänge 1938 bis 1952. Nachkriegszeit, die Bildungsoffensive der 1970-er Jahre und die Zeit der Studentenunruhen (68-er Generation) prägten ihre Bildungskarrieren.

Neben den so gerahmten altersbezogenen Besonderheiten sind aber auch geschlechtsspezifische Unterschiede zu vermerken. Bildungspolitik war bis in die Mitte des 20. Jahrhunderts geschlechtshierarchisch angelegt, sodass die knapp zur Verfügung stehenden Bildungsressourcen vorwiegend Jungen zur Verfügung standen (Stier/Spindler/Ritter 2010). Die vor dem zweiten Weltkrieg geborenen Frauen waren somit vielfach von Bildung ausgeklammert. Zahlen des Alterssurveys 2002 zeigen dies. So besuchten 73,4% der heute 80-85jährigen Frauen bis zu einer Dauer von acht Jahren die Schule (64,0% der Männer) und nur 10,1% über 11 Jahre lang (22,0% der Männer) (Stiehr/Spindler/Ritter 2010. 324). Die Werte jüngerer Alterskohorten von Frauen und Männer gleichen sich infolge der Bildungsexpansion der Nachkriegszeit an. In der Kohorte der Jahrgänge 1938 bis 1952 haben 43,1% der Frauen und 41,9% der Männer die Schule weniger als 8 Jahre besucht (Stiehr/Spindler/Ritter 2010. 324) 9 bis 10 Jahre zur Schule gingen 34% der Frauen und 30,8% der Männer und 11 Jahre und mehr 22,3% der Frauen und 27% der Männer (Stier/Spindler/Ritter 2010. 324).

Rahmenbedingungen von Gesellschaft und Politik ließen eine Berufsausbildung der heute Hochaltrigen insgesamt noch nicht als selbstverständlich erscheinen. Nur 51,3% verfügen über eine Berufsausbildung. Hierbei fallen jedoch große geschlechtsspezifische Unterschiede ins Auge. 42% der Frauen dieser Altersgruppe haben eine Berufsausbildung, im Gegensatz dazu sind es bei Männern 70,2%. Ferner verfügen nur 5,7% der Frauen über eine Hochschulausbildung, im Gegensatz dazu 21,3% der Männer. Keinen Abschluss oder keine Ausbildung weisen über 50% der Frauen auf, wohingegen dieser Zustand nur bei 6,4% der Männer vorgefunden wird. Auch hier haben sich im Zuge der Bildungsexpansion Annäherungen ergeben jedoch mit einem deutlichen Überhang für die nächsten Kohorten auf beiden Seiten der Bildungsskala. Auf der einen Seite ist ein 10%iger Überhang an Frauen ohne Ausbildung und Abschluss zu verzeichnen, dem auf der anderen Seite ca. 10% weniger gemachter Hochschulabschlüsse der Frauen der Jahrgänge 1938 bis 1952 gegenüber stehen (Stier/Spindler/Ritter 2010: 325). In der Altenbildung ist eine gewisse Frauendominanz zu verzeichnen und es scheinen geschlechtliche Unterschiede zu existieren was die nachgefragten Bildungsarten und -inhalte betrifft. Als Gründe hierfür werden der Bedarf nachholenden Lernens bei Frauen genannt und ihre größere Offenheit in Krisen auf Bildungsangebote zur Bewältigung zuzugehen (Stiehr/Spindler/Ritter 2010: 326). In der berufsbezogenen Weiterbildung älterer ArbeitnehmerInnen sind immer noch geschlechtsspezifische Unterschiede in der Weise zu finden, dass weniger Frauen als Männer eine solche besuchten und auch die Zahl der besuchten Veranstaltungen der Männer deutlich über denen der Frauen liegen (Stiehr/Spindler/Ritter 2010: 326). Für die Weiterbildung und Qualifizierung Älterer im oder durch bürgerschaftlichen Engagement sollte folgender Umstand berücksichtigt werden: Eine Angleichung in der Bildungsbeteiligung von Frauen und Männern hebt Geschlechtsunterschiede nicht auf. Im Hinblick auf Redeanteile beispielsweise in Kursen und der Verwertung und Verwandlung von Bildung in gesellschaftliche Vorteile liegen Männer immer noch vorn (Stiehr/Spindler/Ritter 2010: 326).

Bis ins hohe Alter hinein können Fähigkeiten entwickelt werden und hat Weiterbildung ihren Platz. Es besteht sogar eine gewisse Entwicklungsnotwendigkeit im Alter. So müssen zunehmende körperliche Vulnerabilität, Verluste im sozialen und anderen Bereichen und die Auseinandersetzung mit der Endlichkeit gemeistert werden (Kruse 2010a: 199). Und dies in einem Gesellschaftsrahmen der zunehmenden Individualisierung. Das Gesellschaftmodell der reflexiven Moderne (Beck 1986) setzt auch ältere Menschen frei aus Traditionen, die integrierende Wirkung hatten. Sie begegnen dem damit verbundenen Sinn- und Orientierungsverlust und müssen traditionelle Formen der Integration durch neue ersetzen.

Bildungsaktivitäten im Alter setzen, wie auch in anderen Lebensphasen, eine grundsätzliche Offenheit für Neues voraus, müssen allerdings eigeninitiiert sein und stehen dafür auch nicht mehr unter einem Verwertungsdruck (Kruse 2010a: 205f.). Die Nacherwerbsphase stellt somit einerseits eine Chance dar, sich nach eigenen Wünschen und Interessen neue Tätigkeitsbereiche und Lernfelder zu erschließen (Kruse 2010a: 206). Auch bislang brach liegende Ressourcen können zum Einsatz kommen. Formen bürgerschaftlichen Engagements, die diesen Bedürfnissen und Notwendigkeiten gerecht werden, fördern somit die Selbstständigkeit bis ins hohe Alter hinein. Bereitgestellte Ermöglichungsstrukturen bieten Entwicklungschancen. Kruse beschreibt, dass Neues zu lernen eine wesentliches Voraussetzung dafür sein kann, Selbstständigkeit, Selbstbestimmung und soziale Teilhabe aufrecht zu erhalten (Kruse 2010a: 206). Ohne einen Verwertungszusammenhang läuft jedoch auch Bildung im Alter und das vielfach propagierte lebenslange Lernen schnell ins Leere und wird aufgegeben (Kade 2002: 102). Ältere brauchen Gelegenheit zur Kompetenzentwicklung und zur Anwendung von Wissen. Sie brauchen Gelegenheiten, in denen sie dadurch soziale Anerkennung erfahren, sich in der Praxis erproben können und Resonanz erfahren. Sie brauchen es, dass ihr Potential nachgefragt wird (Kade 2002: 102).

Gesellschaftliche Teilhabe durch Engagement spricht Ältere als mitverantwortlich Handelnde an. Werden damit auch möglichst mit ihnen entwickelte Bildung-, Qualifizierungs- und Lernangebote verbunden, unterstützt dies ihre Eigenständigkeit und erhöht ihre Lebensqualität. Es können sogar in diesem Zuge geschlechtstypische Verhaltensmuster aufgeweicht werden und neue Kompetenzen dazu gewonnen werden, die bis dato eher dem anderen Geschlecht zuerkannt wurden. Die Erfahrung von pflegenden Männern zeigt, dass dieses neue Tätigkeitsfeld als große Bereicherung erlebet werden kann. Bürgerschaftliches Engagement sollte daher nicht vorschnell nach vordergründig passendem Engagementbereich fragen, sondern auch und gerade Kontrasterfahrungen möglich machen. Bildung ist somit nicht nur eine Ressource, die bisweilen ungleich verteilt ist, sondern immer auch eine Chance im Alter. Auch hohes Alter ist dabei nicht ausgeklammert. Elisabeth Bubolz-Lutz nennt dies „Lernen im hohen Alter, Lernen für das hohe Alter und Lernen für den Umgang mit Hochaltrigen". (Bubolz-Lutz 2000: 331).

Erfahrungswissen ist häufig implizites Wissen, dass nutzbar gemacht werden muss, um es weitergeben zu können oder transformieren zu können. Kompetenzen etwa im gesellschaftlich nicht hoch angesehenen Bereich der Haus- und Sorgearbeit müssen mitunter erst bewusst gemacht werden. Ebenso bergen bewältigte Krisen und gemeisterte Lebenssituationen Schätze und Erfahrungswissen, das auch anderen zugute kommen kann. Selbsthilfegruppen zeigen dies auf mannigfaltige Weise. Das Potential älterer Menschen, durch Familie, Beruf und andere Zusammenhänge im Laufe des Lebens zusammengetragen und erworben, ist sehr reichhaltig. Bürgerschaftliches Engagement kann Plattformen und Ermöglichungsstrukturen schaffen, damit diese Kompetenzen und das Erfahrungswissen für die gesellschaftliche Entwicklung nicht verloren gehen (Aner 2008: 210).

Ein Zwischenfazit zur Ressource Bildung lautet daher, das Bildungsangebote notwendig und auch erwünscht sind als Begleitung von bürgerschaftlichem Engagement. Wird bei der Suche nach vorhandenem Potential Älterer, das im bürgerschaftlichen Engagement zum Einsatz kommen und dem Gemeinwohl dienen kann, der Blick über eine formale Bildung und hier erlangte Abschlüsse hinweg geweitet, tritt Erfahrungswissen Älterer in den Vordergrund. Dieses zu berücksichtigen ist in sofern wichtig, als ältere BürgerInnen damit nicht, was ihre Kompetenzen anbelangt, lediglich auf ihre ggf. nicht vorhandenen Bildungsabschlüsse reduziert werden. Ermöglichungsstrukturen, die am Vorhandenen wertschätzend ansetzen und zum Lernen anreizen sind gefragt. Lernen muss ermöglicht werden. Wichtig ist dabei eine klare Handlungsorientierung ohne jedoch einen Verwertungsdruck aufzubauen.

3.1.4 Gesundheit

In der Lebenslagendimension Muße- und Regenerationsspielraum hat die Gesundheit eine herausragende Stellung. Sie steht mit vielen anderen Spielräumen im Wechselspiel und ist auch für bürgerschaftliches Engagement ein wichtiger Aspekt der Ressourcen. Eine gute Gesundheit ist nun aber nicht allen Bevölkerungsgruppen Älterer in gleicher Weise beschieden.

Eine ferne Lebenserwartung ist wesentlich mehr Frauen als Männern beschieden und Menschen mit Zuwanderungsgeschichte sterben beispielsweise durchschnittlich früher als Menschen mit deutscher Staatsbürgerschaft. Ein Vergleich der Übersichten zu Sterbefällen, geordnet nach Altersgruppen und Geschlecht, lässt dies erkennen (Abb. 5 und 6). Mit gesundheitlichen Risikofaktoren sind vorrangig ältere Kohorten, Frauen sowie Menschen mit nicht-deutscher Staatbürgerschaft belastet (Stiehr/Spindler 2008: 45).

Soziale Einflüsse auf Gesundheit und Krankheit weisen historische Dimensionen wie Ungleichheitsdimensionen auf. Letzteres ist nicht das Ergebnis der Situation an sich, sondern eine Folge der Belastungen des täglichen Lebens (aus der sozioökonomischer Lage resultierend) und der damit verbundenen ggf. gesundheitsschädigenden Verhaltensweisen. Gesundheitliche Ungleichheiten sind sozial mit bestimmt. So haben „Hand"-Arbeiter eine geringere Lebenserwartung als „Kopf"-Arbeiter. Ein niedriger sozioökonomischer Status schlägt sich in größeren Gesundheitsrisiken nieder.

Einerseits leben ältere Menschen heute mehrheitlich mit weniger gesundheitlichen Beeinträchtigungen als frühere Generationen, andererseits werden auch immer mehr Menschen sehr alt und damit steigt für sie das Risiko zu erkranken (Stiehr/Spindler 2008: 43ff.). Der Gesundheitszustand ist ein bestimmender Aspekt des Muße- und Regenerationsspielraums. Mit zunehmendem Alter steigt die Wahrscheinlichkeit, dass dieser Spielraum zusammenschrumpft.

Abbildung 5: Sterbefälle nach Alter und Geschlecht (Ausländer)

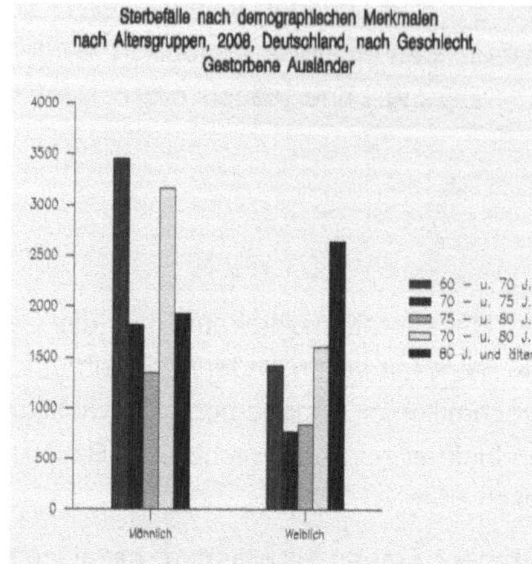

Abbildung 5: Sterbefälle nach Alter und Geschlecht (Deutsche)

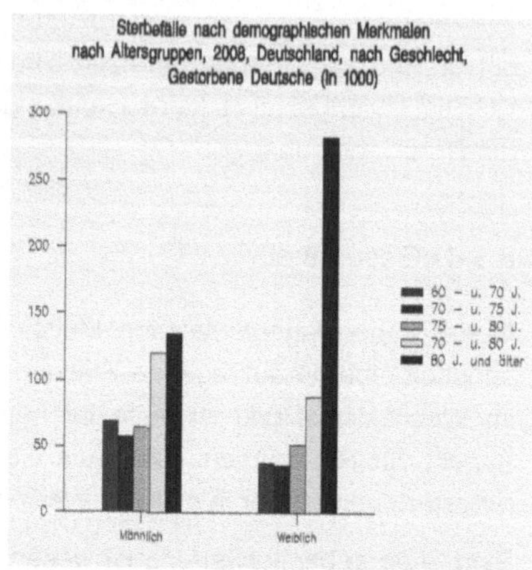

Quelle: © GeroStat – DZA. Berlin. Basisdaten: Statistisches Bundesamt, Wiesbaden – Mikrozensus.

Geschlechterungleiche Verteilung der Risiken des Alterns sind an der Pflegebedürftigkeit zu erkennen. Pflegebedürftigkeit stellt ein größeres Risiko für Frauen als für Männer dar. So beziehen 15,5% der 80 bis 84 Jahre alten Frauen Pflegegeld und 13,8% der Männer, in der Gruppe der 85 bis 90 Jahre alten Frauen sind dies schon 20,2% (Männer 14,6%) und bei den über 90 Jahre alten Frauen 32,4% gegenüber 20,9% der Männer (DZFA Infratest 2002). Paradoxerweise weisen Frauen sowohl eine höhere Krankheitswahrscheinlichkeit als auch eine höhere Lebenserwartung auf als Männer (Stiehr/Spindler 2008: 43). Physische wie psychische Beeinträchtigungen werden generell häufiger von Frauen berichtet (Stier/Spindler 2008: 43ff.). Erlebte Einschränkungen alltäglicher Tätigkeiten sind aus Tabelle 2 zu ersehen. Von ihnen ableiten lässt sich ein spezifischer Hilfebedarf und eine hohe Bedeutung der Wohnverhältnisse und des Wohnumfeld für das Alter.

Besonders hochaltrige Frauen sind von Multimorbidität, Pflegebedürftigkeit und Demenz betroffen. Sie müssen mit steigendem Alter mit zunehmenden sensorischen und motorischen Einschränkungen, ggf. psychischen Erkrankungen sowie Hilfsbedürftigkeit umgehen. Hier ist jedoch eine hohe interindividuelle Variabilität zu beobachten (Tesch-Römer 2010: 23). Ebenso kann eine Person gleichzeitig über hohe geistige Beweglichkeit und sehr eingeschränkter physischer Mobilität verfügen wie auch das Gegenteil der Fall sein kann (intraindividuelle Variabilität).

Tabelle 2:   Starke Einschränkung bei Tätigkeiten durch den derzeitigen Gesundheitszustand (Nennung in %)

Tätigkeit	(A)		(B)		(C)		(D)		(E)	
weiblich	37,4	75,2	11,3	42,2	13,3	37,0	10,5	32,1	4,6	9,2
männlich	29,8	64,6	7,3	26,5	9,7	36,0	7,2	29,2	2,2	10,2

(A) anstrengende Tätigkeiten wie schnell laufen, schwere Gegenstände heben, anstrengend Sport treiben

(B) mittelschwere Tätigkeiten wie Tisch verrücken, staubsaugen, kegeln, Golf spielen,

(C) mehrere Treppenabsätze steigen

(D) mehrere Straßenkreuzungen weit zu Fuß gehen

(E) sich baden und anziehen

Quelle: Alterssurvey 2002. In: Stiehr/Spindler 2008: 44.

Erhöhte gesundheitliche Risiken im hohen Alter rechtfertigen daher nicht die Aussage, dass hochbetagte Menschen grundsätzlich hilfsbedürftig oder sogar pflegebedürftig sind. Immerhin ist der weitaus größere Anteil der älteren Bevölkerung über alle Altersgruppen hinweg nicht pflegebedürftig. Bei der Diskussion um die Risiken des Alters und der Hochaltrigkeit muss dieser Umstand Berücksichtigung finden.

Eintretende Pflegebedürftigkeit und Mobilitätseinschränkungen machen allerdings die Aufrechterhaltung sozialer Netze schwierig. Der Kontakt-, Kooperations- und Aktivitätsspielraum wird durch einen schlechten Gesundheitszustand gefährdet. Die Gesundheit beeinflusst das individuelle Potential zur Entwicklung und Bildung sozialen Kapitals. Von ihr ist es mit abhängig wie gut oder schlecht Kapazitäten wie Unterstützung, Hilfeleistung, Wissenszuwachs und Kontaktnetze aufrechterhalten oder neu geformt werden können (Engels 2010: 64f.). Somit wird einerseits ein Engagement weniger wahrscheinlich. Andererseits gibt es genügend Beispiele dafür, dass bürgerschaftliches Engagement gerade wegen eines eingeschränkten

Gesundheitszustandes bzw. einer diagnostizierten Krankheit und der damit verbundenen Beeinträchtigung aufgenommen wird. Die vielen Selbsthilfegruppen, die sich als Zusammenschlüsse von Betroffenen mit gleicher Diagnose und Beschwerdeprofil gebildet und eigene Organisationen gegründet haben, um Menschen mit ähnlichem Schicksal zu unterstützen, zeigen dies. Nicht zuletzt wird dadurch der oft einsetzende Rückzug aus dem so wichtigen sozialen Kontaktnetz infolge einer Krankheit entgegengewirkt. Für den Engagierten zeichnet sich ein salutogenetischer Effekt ab. „Offensichtlich hat kompetentes Engagement als Aktivitätsmuster einen positiven Einfluss auf die Gesundheitserhaltung und -förderung."
(Schulz-Nieswandt/Köstler 2011: 191)

Ein Zwischenfazit zur Ressource Gesundheit lautet daher: Bürgerschaftliches Engagement kann auch im Kontext von Pflege, Multimorbidität und eingeschränktem Mobilitätsradius seine integrierende Wirkung entfalten. Alte Menschen deren Gesundheit beeinträchtigt ist, können nicht nur als Zielgruppe sondern auch als Akteure des Engagements angesehen werden, die im und durch bürgerschaftliches Engagement ermutigt und ermächtigt und als Handelnde angesprochen werden. In manchen Situationen bedarf es der helfenden Anderen, die die eigene Teilhabe möglich machen. Quartiersbezogenes bürgerschaftliches Engagement entspricht einem sich möglicherweise mit zunehmendem Alter reduzierten Mobilitätsradius.

3.1.5 Soziale Netzwerke

Im idealtypischen Familienzyklus verändern sich die Beziehungen zwischen Eltern und ihren Kinder und Kindeskindern. Im hohen Alter kommt es häufiger zur gegenseitigen Unterstützung, von der Großelter, Eltern und Enkelkinder profitieren: materielle Unterstützung und Kinderbetreuung von den alten Eltern, Betreuung und Pflege durch die erwachsenen Kinder (Tesch-Römer 2010: 34). Da es in Zukunft mehr alte und sehr alte Menschen geben wird, ist langfristig eine Veränderung der Familienstrukturen wahrscheinlich. Das miteinander Leben von vier Generationen gleichzeitig wird immer häufiger. Andererseits wird es in Zukunft aber auch mehr alte Menschen geben, die ohne Kinder alt werden und die nicht auf familiale Unterstützungsleistungen der nachfolgenden Generation zurückgreifen können. Die Haushaltsgröße sagt noch nichts über die Qualität oder Quantität der sozialen Beziehungen aus. Alleinlebend bedeutet, eine Person kann verwitwet, ledig, geschieden sein oder vom Ehepartner/Partner getrennt leben.

Soziale Netzte verändern sich im Alter. Netzwerkgröße und Kontakthäufigkeit gehen zurück (Wahl/Heyl 2004: 178). Der Grund hierfür ist, dass mit der Abnahme der subjektiven Zeitperspektiven eine Person ihre Entwicklungsziele mehr auf die Erfüllung unmittelbarerer Bedürfnisse ausrichtet und stärker solche Kontakte wählt, bei denen emotionales Wohlbefinden entsteht (aktive Selektion) (Wahl/Heyl 2004: 178). Verluste von wichtigen Sozialpartnern werden mit zunehmendem Alter häufiger (passive Selektion). In der Anzahl sehr enger, emotional bedeutsamer Beziehungen gibt es keinen Unterschied zu jüngeren Personen. Allerdings werden beispielsweise von über 85-Jährigen weniger die Beziehungen gepflegt, die als eher lose bezeichnet werden können (Wahl/Heyl 2004: 179). Ältere bevorzugen in gleicher Weise wie jüngere Menschen vertraute gegenüber neuen Sozialpartnern (Wahl/Heyl 2004: 179). Die Auffassung oder Zuschreibung, dass ältere Menschen weniger kontaktfreudig sind als jüngere Menschen findet hierin keine Bestätigung.

Soziale Netze älterer Menschen bestehen vorwiegend aus nahen Familienmitgliedern und engen Freunden. Dabei sind enge Beziehungen solche, die häufig schon lange bestehen und eine Person über ihre Lebensspanne oder weite Teile davon begleiten (Wahl/Heyl 2004: 179). Dieser soziale Konvoi ist einerseits eine sichere Grundlage für praktische Hilfeleistungen und stellt auch in psychologische Hinsicht eine Unterstützung dar. Empfundene emotionale Nähe und erlebte gegenseitige Verpflichtung sind für ein Geben und Nehmen entscheidend.

Hilfe und Unterstützung wird lieber von Personen der gleichen Generation angenommen (Partner, Geschwister und Freunde) (Wahl/Heyl 2004: 182). Insbesondere um informelle Hilfeleistungen werden auch die eigenen Kinder gebeten und die Häufigkeit der Kontakte zu ihnen steigt mit dem Alter an. Allerdings ist emotionales Wohlbefinden bei Kontakthäufigkeit mit engen Freunden besser vorhersagbar als bei Kontakthäufigkeit mit den eigenen Kindern (Wahl/Heyl 2004: 182).

Personen mit geringerem sozioökonomischem Status haben kleinere soziale Netzwerke, die hauptsächlich aus Familienmitgliedern bestehen (Wahl/Heyl 2004: 182). Frauen setzen andere Schwerpunkte in ihren Beziehungen als Männer. Während sie ihre Kontakte gleichmäßig auf Familie, Freunde und Verwandte verteilen, konzentrieren Männer sich mehr in den Kontakten auf ihre Partnerin (Wahl/ Heyl 2004: 182). So profitieren Frauen einerseits mehr durch ihre sozialen Beziehungen, sind andererseits auch durch diese mehr belastet (Wahl/Heyl 2004: 183). Soziale Beziehungen haben eine positive Wirkung auf Wohlbefinden und Gesundheit, jedoch nur dann wenn diese Beziehungen von einer Person auch als positiv interpretiert werden. Die reine Kontakthäufigkeit wirkt sich dahingehend noch nicht aus (Wahl/Heyl 2004: 184).

Die Häufigkeit von Single-Haushalten steigt mit deutlichen geschlechtsspezifischen Unterschieden. Die überwiegende Mehrheit der Männer lebt in Paarbeziehungen. Frauen müssen dagegen wesentlich häufiger mit dem Verlust der Paarbeziehung rechnen und sie bewältigen (Stiehr/Spindler 2008: 46). Dort wo Paarbeziehungen vorhanden sind werden sie mehrheitlich als gut eingeschätzt, aber auch partnerlose Beziehungen werden von Frauen mehrheitlich als gut bewertet, Männer bewerten dies anders. So wünschen sich auch nur 4% der Frauen einen neuen Partner, jedoch 17,2% der Männer (Stiehr/Spindler 2008: 47).

Die Problemfelder in sozialen Netzwerken Älterer sind Isolation und Einsamkeit, wenn die sozialen Netze zusammengeschrumpft, sehr löchrig geworden oder gänzlich verloren gegangen sind, Pflege, d.h. eigenständige Lebensführung nicht mehr ohne Hilfeleistungen möglich ist und andere Menschen zur Unterstützung gebraucht werden, und Konflikt und Gewalt, wenn die Balance von Geben und Nehmen für eine Person unstimmig wird, Abhängigkeiten zu Ohnmachtserleben führen und die Pflegesituation mit Gewaltanwendung physischer wie psychischer Natur einhergeht (Tesch-Römer 2010: 205ff.).

Bürgerschaftliches Engagement stellt in allen drei Problemfeldern eine Chance dar. Werden bei Renteneintritt im Engagement neue Entwicklungs- und Betätigungsfelder gefunden, entstehen auch neue soziale Kontakte, mit denen sich ältere Menschen grundsätzlich nicht schwerer tun als jüngere. Bei der derzeitigen Lebenserwartung können ihnen diese Kontakte noch lange Zeit als wichtiger Teil ihres sozialen Netzes zur Verfügung stehen. Bürgerschaftliches Engagement, welches im sozialen Nahraum, also in der Wohnumgebung, dem Wohnblock, Quartier oder Stadtteil, ansetzt, bietet die Möglichkeit für den Einzelnen, die daraus entstandenen Kontakte auch dann noch zu pflegen und das Engagement fortzusetzen, wenn die eigene Mobilität abnimmt. Kontakte zur eigenen Generation werden von Älteren für Unterstützungsleistungen bevorzugt und auch im Fall der Pflege, die ja immer noch zu großen Teilen von Familienangehörigen und in der häuslichen Umgebung stattfindet, stellen andere als die familialen Kontakte eine wichtige Ergänzung und Entlastung für alle Beteiligten dar. Zudem wird dadurch vermieden, dass geschlossene Systeme entstehen, in denen Gewalt unentdeckt ausgeübt werden kann und ein ggf. erhebliches Konfliktpotential von niemandem bemerkt wird. Wird im bürgerschaftlichen Engagement Ermächtigung unterstützt und auch ein Dagegen-Sein und eine gewisse „Wehrigkeit" eingeübt, hilft sie auch in Situationen der eigenen Abhängigkeit, für sich einzutreten.

Bürgerschaftliches Engagement kann darüber hinaus einen Beitrag dazu leisten, pflegebedürftigen Menschen soziale Teilhabe zu ermöglichen. Wenn der pflegebedürftige Mensch nicht mehr in die Öffentlichkeit gelangen kann, kommt die Öffentlichkeit zu ihm und vermittelt so, dass auch er oder sie immer noch Bürger und Bürgerin ist. Nachbarschaftshilfe und informelle Hilfeleistungen stellen genauso eine Öffentlichkeit her und dienen dem Gemeinwesen wie dies ein Engagement tut, welches angebunden an eine Organisation ausgeübt wird. Das Initiieren neuer Nachbarschaften oder die Wiederbelebung und der Ausbau bestehender Netzwerke ist bürgerschaftliches Engagement par excellence.

Ältere Menschen ziehen tendenziell die engeren den loseren Sozialkontakten vor und bringen damit für Zusammenhalt und Nachhaltigkeit eines Miteinanders ein erhebliches Potential mit. Gerade auch die große Gruppe der älteren Frauen, die ihre Sozialkontakte gleichmäßig über die Gruppe der Familie, Freunde und weitere Verwandtschaft verteilt, kann im bürgerschaftlichen Engagement nachhaltig das Klima eines Stadtteils oder eines Wohnquartiers verbessern.

Die Betrachtung der sozialen Netzwerke Älterer unterstreicht das heterogene Bild des Alters und die doch recht unterschiedliche Bedürfnislage. Ressource Bürgerschaftliches Engagement wird in der Regel mit anderen gemeinsam ausgeübt und stellt daher per se eine Plattform und Möglichkeit dar, den so wichtigen „Anderen" zu begegnen.

Ein Zwischenfazit zu sozialen Netzwerken lautet, diesen unterschiedlichen Bedürfnissen Raum zu geben und besonders bürgerschaftliches Engagements im Nahraum zur ermöglichen. Hier kann es selbst von Menschen mit eingeschränkter Mobilität oder Gesundheit aufrechterhalten werden. Ebenso ist das nahe Umfeld gerade der Ort, an dem sich auch Menschen mit niedrigem sozioökonomischen Status einbringen für andere. Bürgerschaftliches Engagement, das im nahen Umfeld möglich ist, erhält diese Chance zur Teilhabe und weiteren Pflege des Kontaktnetzes, auch wenn Gesundheit und Mobilität eingeschränkt und Ressourcen nicht üppig vorhanden sind.

3.2   Lebensverlauf

Bewältigung von Krisen und Übergängen. Singuläre biografische Ereignisse des Lebensverlaufs sind Anlass zum bürgerschaftlichen Engagement. So können Krisen und ihre Bewältigung zum Potential der Hilfe für andere werden. Nicht selten werden die in kritischen Lebenssituationen aufgesuchten Selbsthilfeorganisationen zum Ort des Engagements nach der Bewältigung. Es werden Aufgaben verantwortlich übernommen und Gruppen von weiteren Betroffenen betreut und begleitet. Auch der Übergang in den Ruhestand ist als Statuspassage solch ein kritisches Ereignis, dass Anlass bietet, sich mit anderen zusammen zu tun und für einander und auch für andere Verantwortung zu übernehmen wie die vielfältige Aktivitäten der ZWAR-Gruppen[5] zeigen. Einerseits zeigt sich zwar die Kontinuität im Lebensverlauf, es gibt den sogenannte „Erfahrungseffekt", andererseits steigt die Wahrscheinlichkeit einer Neuaufnahme eines Engagements im Vergleich zu Erwerbsbeteiligten, auch als „Ruhestandseffekt" bezeichnet (Erlinghagen 2008: 95f.).

Singuläre biografische Ereignisse treffen auf langfristig wirkende Sozialisationserfahrungen. Frauen haben in der Regel mehr riskante Einschnitte und Veränderungen zu bewerkstelligen oder sind von diesen Ereignissen nachhaltiger betroffen: *Umbruch in der mittleren Lebensphase, Ruhestand, Verlust des Partners, Verlust der eigenständigen Lebensführung* (vgl. Backes 2007: 156ff.). Verlassen die Kinder das Haus, steht eine Neuorientierung an, die je nach vorheriger Erwerbsbeteiligung und Unterbrechung oder Konzentration auf die Familie unterschiedlich ausfällt. Denn die besten Voraussetzungen diesen *mittleren Lebensabschnitt* gut zu gestalten, stellen Interessen und Kontakte außerhalb der Familie dar. Weiblichkeit und Attraktivität von Frauen, wird an Jungsein gemessen (Backes: 2007: 156). Für Männer stellt diese Lebensphase in der Regel noch keine solch gravierende Umbruchphase dar. Allerdings gelangen auch sie in die Position des älteren Arbeitnehmers (Umlernen, ggf. Statusverlust, nicht mehr zu erreichende Positionen, vorzeitiges Ausscheiden aus dem Beruf) und müssen sich mit dem Gedanken des näher rückenden Ruhestandes auseinandersetzen. Für berufstätige Frauen trifft dies in gleicher Weise zu. Nichtberufstätige Frauen mit Partner müssen sich mit dem nahenden Ruhestand des Partners und den dann größeren gemeinsamen Zeitressourcen auseinandersetzten, was als heranrückender Zugewinn oder Einschränkung erachtet werden kann.

Mit dem Beginn des *Ruhestands* muss der eigene Aufgabenverlust bewältigt werden. Frauen wie Männer sind an der Bewältigungsarbeit ihrer Partner beteiligt, wenn diese aus dem Erwerbsleben ausscheiden. Verluste müssen verschmerzt und neue Perspektiven gewonnen werden. Auch hier zeigt sich, dass dieser Über-

---

5 ZWAR-Gruppen sind autonomer stadtteilorientierter Selbsthilfegruppen, die sich an Menschen im (Vor-)Ruhestandsalter und an Akteure der offenen Altenhilfearbeit mit dem Ziel der Gründung wenden. ZWAR bedeutet Zwischen Arbeit und Ruhestand.

gang mit guten und zahlreichen außerhäuslichen Interessen und Kontakten besser bewältigt wird. Es erweist sich als Vorteil, wenn in der Erwerbsphase hierfür Platz und Kapazitäten frei waren. Häufig beschreibt dies die Situation der männlichen Ruheständler, da Frauen eher für den häuslichen und familiären Bereich zuständig waren und es auch in dieser Altersphase weiter sind. Der häusliche Bereich kann für Frauen dabei Halt wie auch Einengung bedeuten. Männer sind in ihren zeitlichen Kapazitäten dadurch freier, Neues zu beginnen, finden ggf. jedoch auch weniger Halt im Familienumfeld.

Der *Verlust des Ehepartners* bedeutet eine grundlegende Umstellung, die von weit mehr Frauen als Männern geleistet werden muss. Für Frauen ist dies nicht nur mit persönlichen sondern auch materiellen Verlusten verbunden. Ambivalenzen treten auf: Freiheit von der Pflege des Mannes, die auch Verlust des vertrauten Gegenübers ist und Chance zu neuen Kontakten, die aber auch ungewohnt und ungewollt ist. Männer trifft seltener die Pflege ihrer Partnerin und bei dem Verlust ihres Gegenübers gehen sie häufiger neue Beziehungen ein, nicht selten mit jüngeren Partnerinnen.

Der *Verlust der eigenständigen alltäglichen Lebensführung* bedeutet auf Dritte angewiesen zu sein. Für viele ist dies das am meisten gefürchtete Problem im Alter. Die Umstellung von Hilfeleistender zu „Hilfe-in-Anspruch-Nehmender" fällt vielen Frauen nicht leicht und macht Frauen mehr zu schaffen als Männern. In die Situation, abhängig zu sein, geraten mehrheitlich jedoch Frauen. Sie leisten Fürsorgearbeit für Kinder, altgewordenen Eltern, den pflegebedürftigen Mann, ggf. die gebrechliche langjährige Freundin. Kommen sie selbst in die Situation, auf die Hilfe anderer angewiesen zu sein, gibt es bisweilen dann niemanden mehr in ihrer unmittelbaren Umgebung, der diese Rolle für sie übernehmen könnte. Arbeits- und Lebensverhältnisse wandeln sich bei beiden Geschlechtern, sodass die oben skizzierten Umbrüche zunehmend anders ausfallen und vielfältiger werden, da neue hinzukommen wie Scheidung, Erwerbslosigkeit, erzwungene Mobilität.

(vgl. Backes 2007: 156ff.)

Bürgerschaftliches Engagement ist in allen Umbrüchen ein guter Schutz und dient der Prävention, beugt Vereinsamung vor, erhält Selbstständigkeit, und hilft aus Umbrüchen und Verlusten Chancen und Gelegenheiten zu entwickeln. Der Aufbau und die Pflege sozialer Beziehungen, die verlässliche Zugehörigkeiten schaffen, bedürfen allerdings entsprechender sozialer Kompetenzen, die angeeignet, reflektiert und entfaltet werden müssen, um Inklusionschancen zu nutzen und Exklusionsgefahren zu begegnen (Ortega 2010: 82). „Der Zugang zu sozialem Kapital (im

Sinne von Bourdieu) wird dabei selbst zu einer entscheidenden biographischen Ressource." (Ortega 2010: 82)

Für ein Eingebunden-Sein und -Bleiben in soziale Netzwerke gerade in Krisenzeiten und Übergängen ist ein bürgerschaftliches Engagement von besonderer Bedeutung. Gesellschaftliche Teilhabe ist der Gewinn für die Engagierten selbst und auch für die, die Ziel des Engagements sind. Im eigenen Wohnumfeld, im eigenen Quartier oder Stadtteil eingebracht erhöht es die Lebensqualität der Menschen dort.

Engagement-Erfahrungen. Ob allerdings gemeinschaftsbezogene Motivationen, Handlungsmuster und ihre Realisierung im Alter herausgebildet und gefestigt wird, setzt eine Summe an Erfahrungen mit einer Partizipationskultur über den gesamten Lebensverlauf voraus. Eine bloße Mitgliedschaft in Vereinen oder Organisationen reicht dazu nicht aus, es müssen tatsächliche Erfahrungen damit gemacht werden, an der Gestaltung beteiligt zu sein und etwas bewirken zu können (Aner 2008: 209f.). So sind es die in der Jugend entwickelte Handlungsmuster, die von Bedeutung sind, wie auch gerade die in der Erwerbsbeteiligung gemachten Erfahrungen, die auf ein Engagement innerhalb der Zivilgesellschaft übertragen werden (Aner 2008: 209f.).

Die Engagement-Biografien vieler Menschen bestätigen dies. So üben viele ältere Engagierte schon vor dem Eintritt in den Ruhestand ein Engagement aus, setzen dieses lediglich im Alter fort oder bauen es aus (Köller 2007: 137). Das erstmalige Engagement im Ruhestand bringt häufig nicht die Wirkung mit sich, dass ein Engagement weiterhin stattfindet. Offensichtlich können negative Partizipationserfahrungen nicht immer ausgeglichen werden und frühere Erfahrungen wirken nach (Aner 2008: 211). Neben individuellen Ressourcen wie Bildung und Gesundheit kommt dem früheren Engagement im Lebenslauf eine hohe Bedeutung zu. Ob des sogenannten „Erfahrungseffekt" (Erlinghagen 2008: 96ff.) scheint eine professionelle Begleitung des bürgerschaftlichen Engagements und ein individuell passendes Arrangement wichtig zu sein. Wenn nicht zu früheren Zeitpunkten im Leben so kann doch wenigstens im Alter die Erfahrung gemacht werden, etwas bewirken zu können.

Passung von Motiv und Möglichkeit. Viele bürgerschaftliche Betätigungsangebote erfüllen nicht die Kriterien der Mitbestimmung und Mitgestaltung, die auch ältere BürgerInnen zunehmend an sie stellen. Da in manchen Engagement-Formen eine Einordnung in Hierarchien erforderlich ist, die mit denen des Erwerbslebens vergleichbar sind, und Menschen im Ruhestand diese starre Einordnung nicht mehr eingehen möchten, kommt es, wenn keine geeigneteren Formen gefunden werden nicht zur Aufnahme eines Engagements.

Motiv und Möglichkeit müssen zusammenpassen. Der Wunsch nach Mitbestimmung braucht Mitbestimmungs- und Mitgestaltungsoptionen. Wird eine Kontrasterfahrung zu bestehenden Herausforderungen im Engagement gesucht, sind für Frauen beispielsweise erneute Sorgeleistungen im Engagement wenig attraktiv. Andererseits bietet es gerade für solche eine Möglichkeit, sich zu engagieren, die nach Kontinuität zum bisherigen Lebensverlauf streben und deren Schwerpunkt hier bislang lag.

Dem dritten Altenbericht folgend ist Engagement nicht mehr nur ein Resultat aus altruistischen und karitativen Motive. Ein Gewinn für das eigene Leben wird zunehmend erwartet und ist Antriebsfeder für die Aufnahme eines Engagements (Backes/Höltge 2008: 282).

Das Betätigungsfeld „Zivilgesellschaft" birgt ein erhebliches Potential zur Vergesellschaftung in der nachberuflichen Lebensphase und der institutionalisierte Ruhestand eröffnet Gestaltungsmöglichkeiten für soziales wie politisches Engagement (Aner 2008: 210).

Im Zwischenfazit zum Lebensverlauf kann festgehalten werden, dass es für bürgerschaftliches Engagement wichtig ist, Eigennutz zuzulassen und zu ermöglichen. Es dient so der Prävention und dem Schutz in Krisen und Übergängen und fördert die Bewältigung von Umbrüchen. Wichtig sind ebenso begleitende Bildungsangebote, die helfen Vergangenes zu reflektieren und Neues zu gestalten, denn „die Stellung im Erwerbsleben prägt auch die soziale Stellung in der Nacherwerbsphase, Abhängigkeitsverhältnisse und Benachteiligungen bestehen weiter." (Auth 2009: 311) Mitgestaltung muss ermöglicht werden. Auch können die mit bürgerschaftlichem Engagement verbundenen Bildungsangebote, Kompetenzen fördern, die in Aushandlungsprozessen benötigt werden.

3.3 Gewinn und Reziprozität

Welche Vorteile sind nun für den Engagierten mit der Aufnahme des Engagements verbunden? Dabei kann es sich sowohl um Vorteile, die von außen wahrnehmbar, also objektiv feststellbar, sind als auch um subjektive erlebte Vorteile und Gewinne handeln. Es ist zu berücksichtigen, dass soziales Handeln entlang und entsprechend den eigenen Werthaltungen trotz objektiver Verluste als subjektiver Gewinn verbucht werden kann. Aus der Perspektive des Individuums betrachtet beinhalten Gewinne und Reziprozität des bürgerschaftlichen Engagements objektiv feststellbare und subjektiv erlebte Dimensionen.

Bürgerschaftliches Engagement fördert Kompetenzen, die sich auf das Individuum selbst beziehen. Engagement ist ein Kontext für Identitätsentwicklung und Bewältigung. Ebenso fördert es Kompetenzen, die die Interaktion mit der Umwelt betreffen und als gesellschaftliche Teilhabemöglichkeiten mit all den Facetten und Graden der Partizipation am Gemeinwesen zu Buche schlagen. „Bürgerschaftliches Engagement ist gewissermaßen eine erweiterte Selbstsorge." (Wendt 1996: 67)

Selbstwirksamkeit. Aus der Perspektive des Einzelnen betrachtet ist einer der wesentlichen Faktoren für die Aufnahme von Engagement und auch für die Kontierung von Gewinn und Verlust die Selbstwirksamkeit, ein „locus of control" (Rosenmayr 2007: 203). Um sich zu ändern, also sich den im Alterungsprozess enthaltenen neuen Prozessen körperlicher, psychischer wie sozialer Natur zu stellen, und auch um auf seine Umwelt einwirken zu können, wird die Überzeugung benötigt, etwas in sich selbst und der eigenen Umgebung verändern zu können. „Das Alter verlangt dringend Erneuerung der Selbstbestimmung und zwar auf dem Weg der Selbstwirksamkeit." (Rosenmayr 2007: 204) Auch wenn das Alter nicht in allen Bezügen gestalt- und steuerbar ist, so ist doch der Alterungsprozess zu beeinflussen und zu modifizieren. Bürgerschaftliches Engagement kann im diesem Sinne zur Ermächtigung beitragen. Es kann durch ein Ansetzen an individuellen Ressourcen und ein Aufspüren von Potential des spezifischen Geworden-Seins und der biografischen Entwicklung zur Vergewisserung des eigenen Kapitals beitragen. Erst so können Formen gefunden werden, eigene Forderungen zu artikulieren, sich durchzusetzen und sich Gehör zu verschaffen. Rosenmayr beschreibt, dass Selbstvergewisserung aus Selbstkritik und Selbstermutigung besteht, daraus Selbstwirksamkeit entsteht und so Selbstgestaltung möglich wird (Rosenmayr 2007: 207). Um zu einem guten Mix aus Sozialstaat und Bürgergesellschaft zu gelangen, wird ein eigenes, subjektiv mitbestimmtes Rollendesign Älterer benötigt, das im bürgerschaftlichen Engagement miteinander kreiert werden kann. Vorgefertigte Rollen für bürgerschaftliches Engagement sind in diesem Sinne kritisch zu bewerten. Im Engagement muss eine eigene Gestaltung neuer Verantwortungsrollen möglich sein.

Sinn. Verantwortungsrollen, die ggf. neu gefunden werden müssen, und der Einsatz für andere werden von Engagierten als Sinn stiftend erlebt. Die Erprobung neuer Verantwortungsrollen beispielsweise im Kontext von Pflege und Hochaltrigkeit trägt dazu bei, dass hochalte und/oder demente Menschen weiter als Bürgerinnen und Bürger angesehen werden. Wenn bürgerschaftlich engagierte Ältere anderen Alten in ihrer Gebrechlichkeit und Verletzlichkeit ein Gegenüber sind, ihnen Wertschätzung vermitteln, Begegnung auf Augenhöhe ermöglichen und das Gegenüber nicht nur auf seine Verluste reduzieren, dann beugt dies einer Exklusion gerade solcher Bevölkerungsgruppen vor und befördert gesellschaftliche Prozesse in Richtung sozialer Teilhabe. Solche neuen Verantwortungsrollen älterer Menschen helfen neue Leitbilder einzuüben, die aus Aktivität und Produktivität Bereiche wie Demenz und Sterben nicht ausklammern. Die Hospizbewegung und die Alzheimer Gesellschaft zeigen beispielhaft, wie bürgerschaftliches Engagement an den Rand der Gesellschaft gedrängte und unsichtbare Themen und damit Menschen in die Mitte der Gesellschaft zurück zu holen vermag und dazu beiträgt, dass sie mit ihren Belangen wieder gesehen werden. Hier befördern bürgerschaftlich Engagierte die Idee einer Interessen- und Solidargemeinschaft, in der auch verletzte, leidende, sterbende und verwirrte Menschen einen Platz haben. Die Vulnerabilität des Alters kann nicht abgeschafft werden. Neue und positive Bilder des Alters, die sich an einem eng gefassten Aktivitäts- und Produktivitätsbegriff festmachen, verlagern die Unproduktivität lediglich in die Hochaltrigkeitsphase und befördern eine Inklusion „junger" Alter auf Kosten einer Exklusion „alter" Alter.

(vgl. BMFSFJ 2010: 126ff.)

In gleicher Weise werden auch im intergenerationellen Kontext durch bürgerschaftliches Engagement neue Rollen eingeübt und Begegnung zwischen Jung und Alt gefördert. So entstehen auch für jene alten Menschen, die ohne eigene Kinder geblieben sind oder deren Familie sich nicht im erreichbaren Umfeld befindet, Kontakte zur jüngeren Generation. Erfahrungen von Vorlesepatenschaften Älterer in Kindergärten und Schulen zeigen, dass auch ethnische Unterschiede dabei als Bereicherung erlebt werden. Ein in dieser Weise nicht nur eigene sondern fremde Teilhabe förderndes Engagement stellt wiederum auch einen persönlichen Gewinn für engagierte ältere Menschen dar. Es gibt ihnen Sinn und Bedeutung wie Victor Frankl (Frankl 1985) dies ausdrückt. Nicht verwunderlich erscheint in diesem Lichte, dass sowohl ehrenamtliches Engagement als auch informelle Hilfe im Allgemeinen zu höherem Wohlbefinden führen.

Reziprozität. Empirische Befunde unterstreichen die Bedeutung von Reziprozität (vgl. Warendorf/Sigrist 2008: 52ff.) „Reziprozität bezeichnet hierbei ein empfundenes Gleichgewicht zwischen erbrachter Leistung und erhaltener Belohnung." (Warendorf/Sigrist 2008: 52) Am Beispiel der Pflege zeigt sich, dass dieser positive Zusammenhang zwischen Wohlbefinden und Produktivität (ehrenamtliche Tätigkeit, Betreuung in der Pflege, informelle Hilfe für Familienmitglieder, Nachbarn und Freunde) jedoch nur dann auftritt, wenn angemessene Anerkennung des Geleisteten erfolgt. Der untersuchte Zusammenhang von Wohlbefinden und sozialer Produktivität zeigt, dass ehrenamtlich Tätige und solche, die informelle Hilfe leisten, eine erhöhte Lebensqualität und eine verminderte Anzahl depressiver Symptome gegenüber Nicht-Aktiven vorweisen. Bei Menschen im Ruhestand ist dieser Zusammenhang ausgeprägter, als bei Erwerbstätigen. Der negative Zusammenhang zwischen Beteiligung im pflegerischen Bereich und Wohlbefinden ist anders als bei Erwerbstätigen im berenteten Alter nicht notwendigerweise gegeben. Ein signifikant erhöhtes Wohlbefinden ist bei Älteren, die eine ehrenamtliche Tätigkeit ausüben dann zu finden, wenn sie Wertschätzung und Anerkennung erfahren in ihrem Einsatz. Sie also eine Balance von Geben und Nehmen im Tauschgeschäft erleben. Erleben Ältere in informellen Tätigkeiten Reziprozität ist ein ähnliches Ergebnis zu verzeichnen mit dem Unterschied, dass fehlende Reziprozität sogar mit einem schlechteren Wohlbefinden einhergeht. Wahrendorf und Siegrist stellen fest, dass sowohl soziale Produktivität, als auch höheres Wohlbefinden mit einer besseren sozioökonomischen Lage einhergehen können und dass auch Ältere mit höherem Status ein verbessertes Wohlbefinden aufweisen. Die Befunde unterstreichen die Wichtigkeit bestimmter Rahmenbedingungen für Engagement. Eine gelebte Anerkennungskultur im bürgerschaftlichen Engagement kann das persönliche Wohlbefinden befördern und zu gesundem Altern beitragen.

(vgl. Wahrendorf/Siegrist 2008: 52ff.)

Wird die Chance bürgerschaftlichen Engagements genutzt und knüpfen ältere Menschen dadurch neue soziale Netzwerke (siehe Kapitel 3.1.5) und formen neue Rollen, die ihnen Sinn geben und in denen sie Bedeutung für andere erlangen, dann erleben auch diejenigen, die wenig in familiale Netzwerke eingebunden sind oder mit Verlusten von Beziehungen leben müssen, dass sie eingebunden sind und mit ihrem Einsatz einen „Unterschied machen". Frankl spricht davon, dass es zu den Grundbedürfnissen eines jeden Menschen gehört, einen Ort der Zugehörigkeit zu haben (Frankl 1985), den eigenen Platz im gesellschaftlichen Gefüge zu finden.

Das Zwischenfazit zu Gewinn und Reziprozität lautet, bürgerschaftliches Engagement muss viel mehr Ermächtigungsprozesse ermöglichen und angestoßen denn vorgefertigte Rollen anbieten. Wird die Überzeugung gestärkt, etwas bewirken zu können, kann der Einzelne Chancen der Mitbestimmung und Mitgestaltung nutzen und einfordern. Die eigene wie auch die gesellschaftliche Teilhabe anderer kann dadurch sichergestellt werden. Eine Anerkennungskultur im Engagement ist der für das Wohlbefinden wichtigen Reziprozität wie der Gesundheit zuträglich. Die positiven Auswirkungen von bürgerschaftlichem Engagement auf Wohlbefinden und Gesundheit sprechen dafür, dass der Zugang für weite Teile der älteren Bevölkerung ermöglicht werden muss.

Bislang sind die Faktoren bedacht worden, die mit dem Individuum unmittelbar verknüpft sind: seine Ressourcen, seine innere Befindlichkeit, Gewinn und zu erwartende Bilanz im Engagement. Ebenso wurde deutlich gemacht, dass nicht alle in gleicher Weise über Ressourcen und Voraussetzungen verfügen. Werden diese Unterschiede, die aus der persönlicher Lebensführung, unterschiedlichen gesellschaftlichen Rahmungen und sozialen Ungleichheiten erwachsen sein können, nicht in der Förderung berücksichtigt, kann es passieren, dass gerade das Vergesellschaftungselement, dem eine hohe Integrationswirkung für ältere Menschen zugesprochen wird, eine ausgrenzende Wirkung entfaltet. Formen und Verfahren des Engagements selbst können sich als Hinderungsgrund für Engagement erweisen (Mogge-Grotjahn 2010: 377). Ohne, dass geeignete Rahmenbedingungen geschaffen werden, geraten Initiativen für mehr Bürgerbeteiligung Älterer leicht zu einer Maßnahme, die sie entweder auf vorgefertigte Rollen festlegt und einer Instrumentalisierung Vorschub leistet oder gerade benachteiligte Gruppen ausschließt. Aus den bislang zusammengetragenen Faktoren bürgerschaftlichen Engagements können aus der Perspektive der Engagierten betrachtet Aspekte für die notwendigen Rahmenbedingungen abgeleitet werden. Sie gehören ihrerseits zu den bedeutsamen Faktoren für bürgerschaftliches Engagement und können ein Gleichheit förderndes Moment sein. Im Folgenden werden diese Rahmenbedingungen beschrieben. Dabei wird den Altersbildern ein eigenes Kapitel gewidmet. Zweifelsfrei liegt ungenutztes Potential bei den Älteren, dass aber nur dann zum Einsatz kommen wird, wenn institutionelle Rahmenbedingungen zur Förderung freiwilligen Engagements verbessert werden (Gensicke 2008).

3.4 Rahmenbedingungen für das Engagement

Förderpolitiken und -maßnahmen müssen bestimmte Voraussetzungen erfüllen, wenn sie erfolgreich sein wollen. Eine Situation in der alle gleichermaßen Gewinner sind, entsteht nicht von selbst (BMFSFJ 2005: 379). Aus den bisherigen Ausführungen kristallisieren sich die im Folgenden aufgeführten Aspekte heraus. Werden sie bei den Rahmenbedingungen für bürgerschaftliches Engagement berücksichtigt, wirkt dies sozialer Ungleichheit entgegen und erhöht die Teilhabechancen einer breiten Gruppe von älteren BürgerInnen.

Selbstgewähltes Engagement. Bürgerschaftliches Engagement muss selbstgewählt sein und bleiben. Um dies jedoch zu erreichen ist es notwendig, dass bürgerschaftliches Engagement nicht instrumentalisiert wird und ältere Bürger allein aus Einsparungsmotiven heraus aktiviert werden. Zunehmend mehr ältere Menschen möchten sich nicht neu verpflichten lassen. Selbstgewähltes Engagement, welches den Gedanken der Freiwilligkeit unterstützt, entspricht ihren Motiven und ihren Wünschen mehr. Gerade auch zukünftige Kohorten alter Menschen, insbesondere die selbstorganisationsgewohnten gut gebildeten werden sehr sensible auf den Versuch einer Neuverpflichtung reagieren. Durch ihren in der Regel guten Einkommens- und Vermögensspielraum bieten sich für sie auch andere Aktivitäten an. Sie werden dann solche attraktiveren Optionen wählen. Eine Belebung des Gemeinwesens und Stärkung der Bürgerschaft kann sich nur im freiwilligen Rahmen entfalten (BMFSFJ 2005: 380). Das bedeutet aber auch auf negative gesellschaftliche Sanktionierungen zu verzichtet (BMFSFJ 2005: 381). Es muss möglich sein und bleiben, sich nicht zu engagieren ohne dafür an Ansehen oder Daseinsberechtigung zu verlieren. Darüber hinaus ist ein Spielraum wichtig, der eigene Wünsche und Vorstellungen der Engagierten zulässt und ihnen die Möglichkeit bietet, ihr Potential einzubringen. Mitbestimmung und Mitgestaltung bei der Form und Art des Engagements werden mit neuen Alterskohorten zunehmend wichtiger werden und gefragt sein. Passen Wunsch und Möglichkeit nicht zusammen kommt es nicht zur Aufnahme des Engagements, obwohl eine grundsätzliche Bereitschaft besteht, sich zu engagieren. Bürgerschaftliches Engagement, das auch einen persönlichen Gewinn zulässt oder gar fördert, erlaubt es gerade denen, die nicht üppig mit materiellen Gütern, Bildung oder sozialem Kapital ausgestattet sind, sich zu beteiligen.

Ausstattung des bürgerschaftlichen Engagements. Gerade die im bürgerschaftlichen Engagement bereitgestellten Ressourcen entscheiden maßgeblich darüber, welche BürgerInnen sich überhaupt engagieren können. Benachteiligte Ältere haben keine oder wenig materiellen Kapazitäten zusätzliche, durch ein Engagement entstehende, Kosten zu tragen oder größere Beträge vorzustrecken. Da hochbetagte Bürgerinnen und ältere Bürgerinnen und Bürger mit Zuwanderungsgeschichte häufiger als andere Ältere einen niedrigen sozioökonomischen Status aufweisen, entscheiden solche Rahmenbedingungen über ihre Beteiligung und damit Teilhabe. Durch ein Ansteigen nicht mehr lückenloser Erwerbsbiografien und damit verbundener Renteneinbußen, werden zukünftig auch Personen, die nicht diesem umrissenen Personenkreis angehören, darauf angewiesen sein, dass bürgerschaftliches Engagement „kostenlos" und ohne weiteren Einsatz materieller

Ressourcen möglich ist. Sollen soziale Ungleichheiten nicht durch bürgerschaftliches Engagement weiter befördert werden, müssen in den Förderungsstrukturen jedoch nicht nur die materiellen Ressourcen Älterer Berücksichtigung finden, sondern auch ihr Bildungsstand und ihre bisherigen Erfahrungen mit Engagement und Selbstorganisation. Dies muss sich in begleitenden Bildungsangeboten niederschlagen.

Begleitende Bildungsangebote. Menschen, die bislang wenige Erfahrungen damit gemacht haben, dass ihre Stimme Gehör findet, können durch bereitgehaltene Bildungsangebote lernen, sich einzubringen, ihrer Stimme Gewicht zu geben und erleben wie es gelingt, mit anderen etwas zu bewegen. Solche Bildungsangebote im Engagement knüpfen an vorhandenen Ressourcen aus Beruf, Familie und anderen Kontexten an, bieten die Chance aus implizitem Wissen explizites zu schöpfen und Neues dazu zu gewinnen. Dem Wunsch vieler Frauen auch Kontrasterfahrungen zum bisherigen Lebensverlauf zu machen wird so nachgekommen. Auch können so neue Rollen, die der bisherigen Geschlechterhierarchie entgegenlaufen, eingeübt oder gelebt werden. Bürgerschaftliches Engagement kann, wenn es eine Ermöglichungs- und Ermächtigungsplattform bereithält, auch sozial benachteiligten Älteren den Weg ins Engagement und damit zur gesellschaftlichen Teilhabe ebnen. Im Alter warten neue individuelle Herausforderungen und Bewältigungsaufgaben, zu denen sich die gesellschaftlichen dazugesellen. Um sie zu bewältigen, werden Kompetenzen benötigt, die nur zum Teil vorhanden sind. „Wissen und Bildung reichen im Alter nicht aus, um die Vergesellschaftungslücke zu überbrücken und die fehlende Praxis im Alter zu ersetzen." (Kade 2002: 101) Begleiten Bildungsangebote eine Förderung bürgerschaftlichen Engagements, werden sozusagen Bildungs- und Engagement-Gelegenheiten kombiniert (Kade 2002: 103). Die Anstrengung, Neues zu lernen, macht Sinn, dient den eigenen Bewältigungsaufgaben, hält geistig beweglich und findet einen Einsatzort und praktischen Bezug. Kade folgend gelingt dies am ehesten in selbst organisierten Freiwilligeninitiativen (Kade 2002: 103). Gerade die Ambivalenzen des bürgerschaftlichen Engagements mit Chancen und Risiken unterstreichen die Notwendigkeit, Freiwilligenaktivitäten mit reflexiven, lerngestützten Angeboten zu verknüpfen. So werden eigene Lebensbedingungen und die Praxis des Engagements reflektiert und Aushandlungsprozesse im Miteinander finden statt. Kade bezeichnet dies als „Vergemeinschaftung im reflexiven Milieu" (Kade 2002. 103). Bürgerschaftlichen Engagement bietet also auch einen Rahmen der Begegnung mit den so wichtigen „Anderen".

Engagement mit anderen. Bürgerschaftliches Engagement ist eine Möglichkeit mit anderen etwas zu tun und dabei auch neue soziale Kontakte zu knüpfen. Zwar orientieren sich heutige ältere Menschen noch mehr an Engagement-Formen des alten Ehrenamtes, welches sie milieugebunden kennengelernt haben. Pluralisierung der Lebensformen, höhere Mobilität im Laufe des Lebens und Brüche, die für immer mehr Menschen zur Selbstverständlichkeit werden, machen es jedoch erforderlich, sich von Menschen zu verabschieden und ein neues soziales Netz an einem anderen Ort oder mit anderen Menschen zu knüpfen. So ist es heute keine Seltenheit mehr, dass altgewordene Eltern ihren Kindern nachziehen und nicht mehr, wie dies früher eher der Fall war, die Kinder zu ihren Eltern zurück ziehen. Häufig muss auch nach einer Scheidung im höheren Lebensalter zumindest teilweise ein neues soziales Netz geknüpft werden. Bürgerschaftliches Engagement wird in der Regel gemeinschaftlich ausgeübt. Es tritt einer Vereinsamung entgegen. Werden gezielt auch neue Kontakte gefördert oder Plattformen der Begegnung geschaffen, können auf Seiten der Engagierten selbstdienliche Motive mit dem Bedürfnis sich für andere einzusetzen verbunden werden. Dem Trend sich mit dem auch vorhandenen Eigennutz im Engagement nicht mehr verstecken zu müssen, wird ebenfalls Rechnung getragen.

Kultur der Anerkennung. Für die Bilanz von Gewinnen und Reziprozität ist es bedeutsam ob im bürgerschaftlichen Engagement eine Kultur der Anerkennung herrscht. Auch bereitgestellte Ressourcen wie Ausstattung und Bildungsangebote stellen eine Form von Anerkennung dar und signalisieren, dass ein Engagement wertgeschätzt wird. Erhalten und erleben ältere Menschen Anerkennung in ihrem Engagement steigert dies ihr Wohlbefinden, andersherum verschlechtert sich ihr Wohlbefinden sogar, wenn sie Reziprozität für sie nicht gegeben zu sein scheint. Hier sind also sowohl formelle wie informelle Formen bedeutsam. Wichtig für eine Förderungsstruktur ist es, dass auf hauptamtlichen Mitarbeiter zurückgegriffen werden kann. Sie können engagierte Ältere begleiten, unterstützen und ihnen vermitteln, wie wertvoll und wichtig sie sind, und sie gleichzeitig als Beteiligte und Mitgestalter ansprechen. Allerdings bedarf es dazu auch einer solchen Haltung auf Seiten der Professionellen.

Haltung der Professionellen. Engagierte wünschen sich mehr denn je, dass ihnen hauptamtliche Mitarbeiter auf Augenhöhe begegnen. Gerade älteren Menschen ist Anerkennung in Form von Wertschätzung wichtig. Eine Haltung bürgerschaftlich Engagierten gegenüber, die nicht kooperativ, unterstützend und ermöglichend zu sein vermag, fördert weder deren Eigenständigkeit noch pflegt sie eine

Kooperation auf Augenhöhe. Eine Klärung dessen, was an Leistungen unabding-
bar nur von professionellen Mitarbeitern erbracht werden kann und was durchaus
von bürgerschaftlich Engagierten zu bewerkstelligen ist, ist einem guten und sich
gegenseitig ergänzenden Miteinander beider Gruppen dienlich. Die Koordination
von bürgerschaftlich Engagierten erfordert in der Regel nicht weniger, weil Freiwillige die entlohnt Tätigen ersetzen, sondern mehr Professionelle. Wenn Menschen
für bürgerschaftliches Engagement gewonnen werden sollen, muss eine Zusammenarbeit von Seiten der hauptamtlich Beschäftigten mit bürgerschaftlich Engagierten ausdrücklich erwünscht sein. Sie darf nicht nur als notwendiges Über betrachtet werden, um unliebsame, kostenträchtige oder ansonsten unbezahlbare
Betreuungsleistungen an sie abzuschieben. Ältere Engagierte haben Wünsche
und stellen zunehmend, wie ihre jüngeren MitbürgerInnen auch, Bedingungen an
ein Engagement. Eine gesicherte Finanzierung hauptamtlicher Stellen verhindert,
dass unter Kostendruck zwischen freiwillig Engagierten und den von Berufs wegen
Engagierten ein Konkurrenzkampf entsteht und ermöglicht es Engagierten, sich
über ihre Zeit in selbstbestimmter Weise verfügend einbringen zu können.

An Engagement interessierte Ältere nehmen eine solche Tätigkeit eher auf, wenn
Partizipation keine Pseudobeteiligung ist, in der Angebote kreiert werden und Engagierte lediglich über kleine und unwichtige Details entscheiden dürfen oder nach
ihrer Meinung dazu befragt werden. Partizipation muss zu einer Haltung der Professionellen werden, die davon ausgeht, dass der Beitrag bürgerschaftlich enga-
gierter Älterer wirklich wichtig ist, sie sehr wohl Experten ihrer eigenen Lage sind
und zum Gelingen gemeinsamer Aktionen Wesentliches beizutragen haben. Partizipation beinhaltet eine Achtung der Eigenständigkeit des anderen und ist eine
Form der Anerkennung. In einer ersten qualitativen Längsschnittstudie, die Motive
derer untersucht, die sich gegen ein bürgerschaftliches Engagement entschieden
haben, zeigt sich, „dass es einer „Kultur der Partizipation" in allen Lebensphasen
und -bereichen bedarf, um stabiles und nachhaltiges Bürgerengagement im Alter
wahrscheinlich zu machen..." (Aner/Karl/Rosenmayr 2007: 22). Interaktionen die
Selbsthilfe- und Ermächtigungspotentiale Älterer befördern, bedürfen einer ständi-
gen Reflexion auf Seiten der Professionellen. Ohne diese wird es kaum möglich
sein, Strukturen zu entwickeln, die älteren und alten Menschen dabei helfen, sich
besser oder überhaupt selbst helfen zu können, sich einzusetzen und auch ihr
„widerständiges" Potential zu entfalten. Denn bürgerschaftliches Engagement formiert sich im „Dafür"- und im „Dagegen"-Sein.

Vernetzung des Engagements und Steuerungsverantwortung. Vorteile für den einzelnen Engagierten entstehen durch vernetzte Strukturen des Engagements. Dann gelingt nicht nur der Blick über den Tellerrand, sondern es entsteht auch ein Wissen um Angebots- und Hilfestrukturen, was die eigene Informiertheit und damit die Kompetenz als Bürger stärkt. Vernetzung ist auch insofern wichtig, als dadurch mancherorts überhaupt erst Möglichkeiten entstehen und z.B. die Finanzierung von hauptamtlichen Stellen gesichert ist. Engagierte ältere BürgerInnen erfahren dann die Unterstützung in ihrem Engagement, die sie nötig haben und bekommen den Freiraum, der Engagement attraktiv macht. Auch können bestimmte Ausstattungsmerkmale des Engagements an vielen Orten nur durch vernetzte Strukturen und Kooperationen verschiedener Träger realisiert werden.

Eine breite Förderung bürgerschaftlichen Engagement ist eine Herausforderung für die kommunale Seniorenpolitik und -arbeit. Hier in der Kommune liegt die entscheidende Handlungsebene, auf der Unterstützung, Verantwortungsübernahme sowie lebendiges Miteinander sich vollzieht und soziale Integration geleistet wird (Klie/Krank: 2009: 247). Kommunale Verwaltungen, Verbände und Vereine müssen sich zunächst für neue Formen bürgerschaftlichen Engagements öffnen, zu Kooperationen bereit sein und ein gemeinsames Verständnis von Engagement entwickeln. Dann kann auch gemeinsam nach Lösungen zur Finanzierung gesucht und können Synergieeffekte erzielt werden. „Neue Formen einer öffentlich-privaten Partnerschaftslösung für die Finanzierung" müssen gesucht werden, wenn Engagement-Förderung nachhaltig geschehen soll und um eine Verstetigung des Engagements möglich zu machen (BMFSFJ 2005: 380). Häufig muss dazu jedoch zunächst erst einmal ein Umdenken erfolgen, um aus Konkurrenten Partner zu machen. Es muss dafür geworben werden, dass Politik, Verwaltung, Fachkräfte, Unternehmen, Einrichtungen und Verbände und Bürgerinnen und Bürger zusammenarbeiten. Vielversprechend scheinen Modelle zu sein, in denen die Kommune die Koordinations- und Steuerungsleistung solcher Prozesse hin zu mehr Bürgerbeteiligung Älterer übernimmt. Wo es gelingt eine nachhaltige Förderung bürgerschaftlichen Engagements als gemeinsame Aufgabe zu begreifen und als Standortfaktor zu interpretieren, haben alle einen Gewinn davon (Klie/Krank 2009: 251f.). Lebensqualität und Zukunftsfähigkeit einer Kommune werden verbessert (Klie/Krank 2009: 251f.).

Prioritätensetzung. Dazu ist es allerdings nötig, dass einerseits Stellen geschaffen werden, die mit genügend Kompetenz, Entscheidungsverantwortung und Ressourcen finanzieller wie personeller Art ausgestattet sind, und andererseits dieser

Aufgabe eine hohe Priorität zuerkannt wird. Es macht beispielsweise einen Unterschied, auf welcher Ebene innerhalb der Verwaltungshierarchie eine Stabsstelle für Seniorenpolitik angesiedelt ist. Haben Stadtvordere Engagement-Förderung der älteren Bürger und ihr Wohlergehen auf ihre Arbeitsagenda genommen, befördert dies eine Anerkennungskultur und gibt dem Anliegen auch in der öffentlichen Wahrnehmung Priorität. Seniorenpolitik, als Querschnittsaufgabe politischen Handelns formuliert, kann in anderer Weise bürgerschaftliches Engagement Älterer fördern, als wenn dies auf eine der letzten Seiten der politischen Agenda verbannt wird und in die Zuständigkeit eines der zahlreichen Unterausschüsse überantwortet wird. Die Verteilung von Zeit, Geld, Kompetenzen und Erfahrungen zeigt an, wie weit oben ein Anliegen auf der Prioritätenliste einer Kommune und einer Organisation steht. Denn nur kontinuierliche finanzielle und personelle Unterstützung von Initiativen auf unterschiedlichen Ebenen der Politikgestaltung unterstützen die Nachhaltigkeit (Breitbecker 2008) und zeigt älteren BürgerInnen, dass ihr Engagement erwünscht, wichtig und wertgeschätzt wird. Zu den Rahmenbedingungen für ein Engagement sind über die bislang zusammengetragenen Aspekte hinaus auch die in der Gesellschaft vorherrschenden Altersbilder zu rechnen.

3.5 Gesellschaftlicher Kontext – Altersbilder

Einerseits haben Altersbilder einen Einfluss darauf, ob, wie und wer sich bürgerschaftlich engagiert. Andererseits hat bürgerschaftliches Engagement auch das Vermögen, sich über eine Stärkung von Selbstwirksamkeitserfahrungen und Ermächtigung negativen Altersbildern entgegen zu stellen. Der Einzelne ist dabei immer einer Prägung durch die ihn umgebende Gesellschaft und ihrer vorherrschenden Vorstellungen und Bilder ausgesetzt. Alter ist einerseits ein Produkt der Zuschreibung und Zuweisung von Rollen und Funktionen und kann in unterschiedlichen gesellschaftlichen Zusammenhängen anders ausfallen, andererseits ist Alter auch Gestaltungsaufgabe im Rahmen eben dieses gesellschaftlichen Kontextes. Im bürgerschaftlichen Engagement und in seiner Förderung können neue Rollen Älterer gefunden und eingeübt werden. Allerdings bilden normative Vorstellungen und gesellschaftliche Erwartungen dabei ein Gerüst, das die selbstverantwortete Lebensführung auch Älterer strukturiert und normativ einrahmt. Da die Gesellschaft einen bestimmten Lebensabschnitt für Alter vorgibt (Altersgradierung) und verschiedene Abschnitte in einer Reihenfolge ordnet (Alterssequenzierung) resultieren hieraus Zwänge, Gelegenheiten und Herausforderungen, die die Möglichkeiten des selbstverantworteten Handelns begrenzen.

Der Ruf nach neuen Verantwortungsrollen Älterer ist somit auch eine Chance, alte und langgehegte Bilder des Alters und Alterns zu verändern und durch neue zu ersetzen. Denn eine Diskussion über die Produktivität ältere Menschen passt wenig mit einem Bild des zurückgezogenen Alten zusammen, der Ruhe benötigt, kaum mehr Kraft hat und untätig auf sein Lebensende wartet. Die Wechselwirkung zwischen Individuum und Gesellschaft hat im Hinblick auf bürgerschaftliches Engagement Älterer eine zweifache Perspektive: Die Gesellschaft benötigt ihre Bürger, um die anstehenden gesellschaftlichen Herausforderungen zu meistern. Bürgerschaftliches Engagement Älterer ist in diesem Lichte notwendiger bis unverzichtbarer Beitrag das soziale Kapital einer Gesellschaft zu mehren (Mai/ Swiaczny 2008: 52). Ein an Defiziten orientierter Blickwinkel weicht notwendigerweise einem Blick auf vorhandene Ressourcen Älterer. Aus der Perspektive Älterer bedeutet bürgerschaftliches Engagement Integration, Eingebunden-Sein, führt zu neuem Sinn und Ausbildung von Kompetenzen und ist mit Selbstbestätigung und Wohlbefinden verbunden (Mai/ Swiaczny 2008: 51). Auf diese Weise im Leben und in der Gesellschaft stehend haben Engagierte ältere und alte Menschen die Macht ein neues Bild von Alter(n) mit zu prägen.

Auch der jüngste Altenbericht (BMFSFJ 2010) hat sich Altersbilder in der Gesellschaft zum Thema gesetzt und misst ihnen eine hohe Bedeutung bei. Gesellschaftliche Vorgaben des Alters wie auch anderer Lebensphasen vermitteln sich in die Lebenswelten der Individuen auf eine für unsere Zeit typische Art und Weise (Altersbilder). Welche Form von Aktivität und Engagement von Älteren geleistet und erwartet wird, hängt stark mit vorherrschenden und verinnerlichten Bildern des Alters zusammen. Das Thema des bürgerschaftlichen Engagements Älterer wird auf dem Hintergrund der Diskussion um Produktivität im Alter geführt, in der nicht mehr nur ein an Verlusten und Defiziten orientierte Blick auf das Alter gepflegt wird. Andererseits müssen die Überlegungen zu Potentialen des Alters aber auch einer Aktivierungslogik widerstehen. In einer „guten Gesellschaft" gelingt es, auch jene, die in äußerlich abhängigen Situationen leben, als eigenständige Individuen wahrzunehmen und ihnen auch in diesen Situationen zu ermöglichen, am sozialen Leben teilzuhaben und dazu beitragen zu können (BMFSFJ 2010: 128). Allerdings benötigen Begriffe wie Aktivität und Produktivität im Alter dazu eine weite Begriffsfassung. Aktivität muss als doppelte verstanden werden: Eine, die sich auf das Leben und auf den Tod bezieht (Klie/Student 2007: 25). Es bedeutet Lebensgestaltung und auch, sich in aktiver und „sehr eigenständiger Weise mit dem eigenen Sterben und dem Tod auseinander zu setzen und sich als selbstbestimmter und autonomer Mensch bis zum Ende des Lebens zu bewähren" (Klie und Student

2007: 25/6. Altenbericht). Es reicht nicht aus defizitäre Altersbilder durch solche zu ersetzen, die sich einseitig an Älteren als „Aktivposten" orientieren. Die Vulnerabilität des Alters und das Lebensende gehören in die Diskussion um Produktivität Älterer ebenso hinein wie ihre „begehrten Ressourcen und Potentiale". Beides ist eine Bereicherung für die Gesellschaft. Im bürgerschaftlichen Engagement Älterer wird gerade dieses Nebeneinander von Chancen und Grenzen zum Gewinn für das Gemeinwesen. „Allmählich zeichnet sich der Trend zu einem realistischen Altersbild ab." (Köster/Schramek 2005: 227)

Durch bürgerschaftliches Engagement in Heimen und im pflegerischen häuslichen Kontext, bleiben pflegebedürftige alte Menschen in ihre Umgebung eingebettet, Heime verlieren den Charakter einer geschlossenen Anstalt, der Isolation in häuslichen Pflegesituationen wird vorgebeugt, der Spielraum, über die eigen Lebensbedingungen zu entscheiden wird größer, Mitgestaltungmöglichkeiten entstehen, die Situation von Menschen mit Pflegebedarf und ihre Angehörigen werden „sichtbar" und zur öffentlichen Angelegenheit gemacht (BMFSFJ 2010: 128). Dies geschieht umso wirkungsvoller, wenn ältere Frauen und Männer ihre Zeit und ihr Potential zur Verfügung stellen.

Altersbilder in Bezug auf Bildung und Weiterbildung entscheiden darüber, ob ein lebenslanges Lernen überhaupt für möglich gehalten und als sinnvoll erachtet wird und ob und wie am Lernverhalten älterer Erwachsener angepasste Qualifizierungen entwickelt werden.

Altersbilder in der gesundheitlichen Versorgung haben einen starken Einfluss auf Zuteilung und Verteilung von kurierenden und präventiven Maßnahmen und die Entwicklung von Versorgungstrukturen für ältere Menschen. Werden beispielsweise psychotherapeutische Behandlungsarten aufgrund des Alters und einem negativen Altersbild als nicht mehr zielführend angesehen, werden notwendige Angebote erst gar nicht geschaffen oder bereitgestellt und alte Menschen in ihrer psychischen Not allein gelassen und nicht ernst genommen.

Altersbilder im Kontext von Pflege entscheiden über die Haltung und Herangehensweise an den pflegerischen Kontext. Sie entscheiden darüber, ob der Einzelne als „Pflegefall" erachtet und fortan mit einer defizitären Brille betrachtet wird oder ob weiterhin Begegnung auf Augenhöhe möglich ist.

In all diesen Kontexten kann gerade durch die Beteiligung von älteren BürgerInnen und dem Expertenwissen ihrer Lage ein realistisches Bild von Alter und Altern entworfen werden.

Das Zusammenwirken der bislang beschriebenen Faktoren im bürgerschaftliches Engagement wird nun am konkreten Engagement der „Seniorenvertreterin/Nachbarschaftsstifter" eines Stadtteils näher untersucht.

4 Forschungsleitende Thesen und Fragestellungen

Wie erläutert gibt es verschiedene Faktoren, die Einfluss nehmen darauf, ob bürgerschaftliches Engagement Älterer zustande kommt und weiterer sozialer Ungleichheit entgegen gewirkt wird.

Um Engagement nicht nur privilegierter Gruppen Älterer zu fördern, bedarf es, so die Annahme, der Schaffung von Ermöglichungs- und Ermächtigungsstrukturen für sehr unterschiedliche Gruppen älterer Menschen. Im Sinne einer „Zivilgesellschaft/ Bürgergesellschaft aller" sind Wege und Möglichkeiten der Mitgestaltung zu finden und zu fördern für „alte" und „junge" Alte, für Ältere mit und ohne eigene Zuwanderungsgeschichte, für ältere Männer und Frauen, für bildungsferne und bildungsgewohnte ältere Menschen, für von Armut bedrohte ältere Bürgerinnen und Bürgern und für solche, die materiell gut ausgestattet sind, für Ältere, die sich einer guten Gesundheit erfreuen und solche, deren Gesundheitszustand mehr oder weniger stark beeinträchtigt ist.

Eine breite Förderung bürgerschaftlichen Engagements Älterer, setzt an der Heterogenität des Alters an, berücksichtigt Ressourcen und ungleiche Lebenslagen älterer Menschen und orientiert sich an ihren Wünschen, Vorstellungen und Potentialen. Die sich hieraus für die empirische Untersuchung ergebende Fragestellung lautet daher:

1. Welche Personen haben sich für das Engagement als „Seniorenvertreterin/ Nachbarschaftsstifter" in dem als Referenzgebiet für das LiW-Projekt ausgewählten Stadtteils zur Verfügung gestellt?

    a. Wie beschreiben die befragten Personen ihre Lebenslage hinsichtlich ihrer Zeit und zentraler Lebenslagedimensionen (materielle Ressourcen, Bildung, Gesundheit)?

    b. Welche spezielle Typik ist bei der einzelnen Person zu erkennen und welche generellen Handlungsmuster sind zu finden?

    c. Welche Aspekte aus dem bisherigen Lebensverlauf kommen im bürgerschaftlichen Engagement zum Tragen?

Durch bürgerschaftlichen Engagement entsteht für die Gesellschaft wie für das Individuum Nutzen und Gewinn. Von einer Win-Win-Lösung kann in diesem Zusammenhang jedoch nur gesprochen werden, wenn Älteren im bürgerschaftlichen

Engagement auch ein individueller Gewinn ermöglicht und zugestanden wird und sie selbst ihr Engagement auch als solches bilanzieren. Dies begünstigt insbesondere sozial Benachteiligte, wie gezeigt wurde. Die hieraus entstandene Fragestellung für die empirische Untersuchung lautet:

2. Welcher Gewinn erwächst dem Einzelnen aus seinem Engagement?

Was als Gewinn angesehen wird, ist abhängig davon, welche Prioritäten der Einzelne im Leben setzt und welchen spezifischen Mustern er folgt (siehe Frage 1), aus denen heraus sich Gewinn und Reziprozität definiert lassen. Diese Handlungsmuster[6] werden auch in der Ausübung des Engagements und den im Engagement gewählten Rollen sichtbar.

Erkennbare Handlungsmuster und Rollen der bürgerschaftlich Engagierten in der Ausübung ihres Engagements sind auch für die Einschätzung der Wirkung des bürgerschaftlichen Engagements im Stadtteil von Bedeutung. Die Frage durch welche Faktoren Gleichheit im bürgerschaftlichen Engagement gefördert wird betrifft die Ebene der Engagierten wie die der Nutzer bzw. der Zielgruppe des Engagements. Nachhaltigkeit wird in dieser Hinsicht erzeugt, wenn nicht nur auf der Ebene der Akteure bürgerschaftlichen Engagements, sondern auch auf der Ebene der Zielgruppe gerade solche Menschen eine Unterstützung und Ermächtigung erfahren, die einem erhöhten Risiko im Alter ausgesetzt sind. Die durch das Engagement Älterer erhoffte nachhaltige Verbesserung der Lebensbedingungen älterer Bürgerinnen und Bürger des Stadtteils ist abhängig vom gewählten Rollen- und Tätigkeitsmuster der Engagierten und davon, ob und in wieweit sich eine Kultur der Ermöglichung, Ermächtigung und Partizipation in ihren Handlungsmustern widerspiegelt und ihre Unterstützung und Begleitung die Selbstbestimmung anderer Älterer zu erhöhen und deren Handlungsspielraum zu erhalten oder zu vergrößern vermag.

Nachfolgend wird nun das konkrete bürgerschaftliche Engagement der in dieser Arbeit in den Fokus genommenen Gruppe von Engagierten empirisch untersucht.

---

6 „Die Nutzung von Handlungsspielräumen ist gebunden an erlernte Muster erfolgreichen Handelns und Gewohnheiten des Wahrnehmens und Handelns, also an Handlungskompetenz." (Clemens 2004: 48) Handlungspotenziale sind Spielräume, die aber konkret genutzt werden müssen. Handlungskompetenz (Clemens 2004: 48ff.) ist die Fähigkeit, in konkreten Situationen angemessen handeln zu können, das Handlungspotential zum Einsatz und zur Entfaltung bringen zu können. Handlungskompetenz entwickelt sich im Wechselspiel von individuell vorhandenem Entwicklungspotential und sozialstrukturellen Voraussetzungen. So sind gerade auch die Dispositionsspielräume und Handlungskapazitäten ältere Menschen ein Produkt ihrer biografischen Erfahrungen und schicht-, milieu- und geschlechtsspezifischer Prägungen, die sich zudem besonders über die Zugehörigkeit zu einer Geburtskohorte vermitteln (Clemens 2004: 48ff.).

Teil II – Empirische Untersuchung

5 Bürgerschaftlichen Engagement der „Seniorenvertreterinnen/Nachbarschaftsstifter" eines Stadtteils

5.1 „Seniorenvertreterinnen/Nachbarschaftsstifter" in Gelsenkirchen – Idee und Rahmenbedingungen

Forschungsgegenstand. Untersuchungsgegenstand ist das bürgerschaftliche Engagement der „Seniorenvertreterin/Nachbarschaftsstifter" eines Stadtteils in Gelsenkirchen aus ihrer subjektiven Wahrnehmung heraus.

Es interessieren insbesondere ihre Beschreibungen der eigenen Lebenslage, ihre im Engagement gewählten Rollen, Auslöser für die Aufnahme des Engagements und ihre spezifischen Eigenarten, die sie ins Engagement einbringen und die Aufschluss darüber geben können, welche Typen durch diese Form des Engagements angesprochen werden und welche Rahmenbedingungen der „Seniorenvertreterinnen/Nachbarschaftsstifter" sich als förderlich oder hemmend erweisen. Es wird ebenso darauf geachtet, ob und in welchem Maße soziale Ungleichheit im Engagement der untersuchten Einzelfälle eine Rolle spielt oder zum Tragen kommt. Generalisierende Aussagen, die über den Einzelfall hinausgehen, werden angestrebt (Schaffer 2009: 110).

Die Idee der „Seniorenvertreterin/Nachbarschaftsstifter", Ausstattung und Rahmenbedingen des Engagements werden im Folgenden zunächst erläutert.

Idee „Seniorenvertreterin/Nachbarschaftsstifter".
„Seniorenvertreterinnen/Nachbarschaftsstifter" sind ehrenamtlich für die älteren Bürgerinnen und Bürger fungierende Ansprechpartner, die in eigens für dieses Engagement geschaffenen quartiersnahen Anlaufstellen erreichbar sind. Ihre Aufgaben ist es, erste Informationen weiter zu geben und Ansprechpartner zu benennen, Anregungen und Beschwerden ihres Umfeldes weiterzugeben und Interessen älterer Menschen des Quartiers zu vertreten. „Es wird an die Ruhrgebiets-/Bergbautradition von Knappschaftsältesten unter veränderten Bedingungen angeknüpft. Damit soll die Partizipation ausgeweitet werden, um Gelsenkirchen mehr auf den durch demografische Veränderungen gewandelten Bedarf einzustellen." (Masjosthusmann/Reckert 2009: 18) Die Idee ist, dass „Seniorenvertreterinnen/Nachbarschaftsstifter" auf der individuellen Ebene (Mikro-Ebene) einen Lotsendienst über-

nehmen. Sie werden in ihrem REGE-Bezirk[7] für ältere Menschen eine erste Anlaufstelle bei Informations-, Beratungs- und Hilfebedarf sein. Auf der REGE-Bezirksebene (Meso-Ebene) übernehmen sie die Vermittlung. Sie werden als Organisatoren und VertreterInnen älterer Menschen im Quartier bürgerschaftliches Engagement fördern. Hier ist an alle im Quartier möglichen und gewünschten Felder generationensolidarischer Arbeit gedacht. Auf der gesamtstädtischen Ebene (Makro-Ebene) fungieren sie als Interessenvertretung. Sie werden die Anliegen der Menschen in ihrem Bezirk zur seniorenfreundlichen und familiengerechten Gestaltung des Wohnumfeldes z.B. mit Hilfe der Verwaltung (Büro des Seniorenbeauftragten) vertreten und durchsetzen.

„Das Innovative in der Aufgabenstellung liegt darin, die bestehenden partizipativen Ansätze in der Seniorenarbeit auf die Quartiersebene herunter zu brechen und dazu feste direkt-demokratische Strukturen neben den eher parlamentarischen des Seniorenbeirats zu schaffen, die es ermöglichen bürgerschaftliches Engagement mit einer autoritativen Stellung im Gemeinwesen zu versehen." (Masjosthusmann/Reckert 2009: 18) So sollen sie auf der Ebene der REGE-Bezirke für ein Netzwerk von Ermöglichungsstrukturen für Seniorinnen und Senioren sorgen und beispielsweise Initiatoren von Unternehmungen der Generationenbegegnung und -solidarität, von Gemeinschaftsaktionen von Einheimischen und Zugewanderten im Quartier sein wie eine Sprecherfunktion für die Quartiersbevölkerung zur Gestaltung des Wohnumfeldes übernehmen und Gruppenbildungen und Finden von Begegnungsmöglichkeiten im Quartier unterstützen (Masjosthusmann/Reckert 2009: 18). Ebenso ist angedacht, dass sie im Bezirk Zusammenarbeit anregen und mit dazu beitragen, dass älterer Menschen mit Migrationshintergrund erreicht werden (Masjosthusmann/Reckert 2009: 18). Das Projekt „Seniorenvertreterinnen/ Nachbarschaftsstifter" wird vom Bundesministerium für Familie, Senioren, Frauen und Jugend unterstützt und wurde zu einem "Leuchtturmprojekt" der "Freiwilligendienste aller Generationen" erklärt.

Rahmenbedingungen der „Seniorenvertreterinnen/Nachbarschaftsstifter".
Alle „Seniorenvertreterinnen/Nachbarschaftsstifter" erhalten vor Beginn eine einwöchige Qualifizierung, bei der soziale Kompetenzen wie Sachkompetenzen gefördert werden und eine erste Grundinformiertheit zu wichtigen Bereichen (Beratungsangebote, Kontaktpersonen, Hilfestrukturen) erreicht wird (vgl. Masjosthus-

---

7 REGE = RegionalEntwicklung GElsenkirchen. In Gelsenkirchen unterhalb der Stadtteilebene geschaffene administrative Einheiten. Der im Fokus stehende Stadtteil besteht aus zwei REGE-Bezirken.

mann/Reckert 2009: 18ff.). Die regelmäßig zweiwöchentlich stattfindenden Begleittermine, greifen dieses Anliegen auf und dienen zudem dem gegenseitigen Erfahrungsaustausch. Verpflichtend ist die Qualifizierungswoche zu Beginn des Engagements und eine wöchentliche Präsenzzeit vor Ort von zwei Zeitstunden. Aller weiteren Termine haben einen Angebotscharakter. Themen, die miteinander bearbeitet werden sind: Der Umgang mit sich selbst (Lernbereitschaft, Wissen um die eigenen Grenzen und Möglichkeiten, Selbstsicherheit, Selbstsorge, Eigenverantwortung), der Umgang mit anderen (Achtung, Einfühlungsvermögen, Bereitschaft zum Zuhören, Kommunikationsvermögen, Geduld, Fähigkeit zum Perspektivenwechsel, Bereitschaft zur Aneignung interkultureller Kompetenz), Zusammenarbeit (Teamfähigkeit, Bereitschaft zur Aneignung von Konfliktfähigkeit, Motivationsvermögen, Bereitschaft zur Aneignung von Moderationsmethoden, Mobil im Bezirk). Zu den Sachkompetenzen werden Grundkenntnisse vermittelt zu Thematiken wie Betreuung und Vorsorgevollmacht, Wohngeld, Grundsicherung und Sozialhilfe, Leistungen nach dem Pflegeversicherungsgesetz, Leistungen für Pflegebedürftige mit erheblichem allgemeinem Betreuungsbedarf, Hilfe zur Pflege, ebenso werden Informationen zu Zielen und Aufgaben des Masterplans für Seniorinnen und Senioren in Gelsenkirchen, zu Gelsenkirchener Hilfesystemen, zum Sitz von Behörden und Einrichtungen und Kenntnisse über viele weiteren Institutionen und Aktivitäten im Sozialraum vermittelt. Moderationstechniken und Beratungskompetenzen werden gefördert wie organisatorische Kompetenzen geschult werden. „Ziel ist, interessierten und motivierten Bürgerinnen und Bürgern zu ermöglichen, im Prozess der Qualifizierung und Begleitung die erforderlichen Kompetenzen zu entwickeln und in die Aufgaben der Seniorenvertretung hineinwachsen und ihr das eigene Gesicht geben zu können." (Masjosthusmann/Reckert 2009: 18)

(vgl. Masjosthusmann/Reckert 2009: 18)

Gemeinsam mit den engagierten Älteren wird in ihrem Wohnbezirk eine Patenorganisation im Seniorennetzwerk Gelsenkirchen[8] gesucht. Dort wird ihnen für ihre wöchentliche Präsenzzeit ein Raum zur Verfügung gestellt, der von der Patenorganisation mit einem Internetanschluss, Mobiliar und einem PC grundausgestattet ist. Darüber erhalten sie ein ÖPNV-Ticket (wahlweise Aufwandsentschädigung) und werden für sie unentgeltlich mit einem Mobiltelefon und vorgefertigten wie individualisierten Werbematerialien versorgt. Werbeaktionen können gemeinschaft-

---

8 Der mit einem Kooperationsvertrag geregelte Zusammenschluss der Kommune mit den örtlichen Wohlfahrtsträgern und Dienstleistern der Seniorenwirtschaft.

lich und mit Unterstützung des Büros des Senioren- und Behindertenbeauftragten geplant werden. Die „Seniorenvertreterin/Nachbarschaftsstifter" erhalten vielfache weitere Unterstützung durch das Büro des Senioren- und Behindertenbeauftragten und der weiteren im Seniorennetz beschäftigen MitarbeiterInnen, die ihnen über die regelmäßigen Termine hinaus zur Seite stehen. Die angebotenen regelmäßigen Weiterbildungsveranstaltungen, die inhaltlich durch die „Seniorenvertreterinnen/Nachbarschaftsstifter" selbst bestimmt werden, unterstreichen, dass eine Kultur der Anerkennung und Wertschätzung gepflegt wird. So krönt die feierliche Überreichung der Urkunde als „Seniorenvertreterin/Nachbarschaftsstifter", die vom Oberbürgermeister vorgenommen wird, die Qualifizierungswoche. Eine „Dankeschön-Veranstaltung" zum Jahresende und andere Gelegenheiten werden gesucht, um Wertschätzung und Dank auszudrücken.

5.2 Durchführung der Untersuchung

Forschungsdesign. Da das Engagement der „Seniorenvertreterin/Nachbarschaftsstifter" aus der Perspektive der Engagierten näher in Augenschein genommen wird, bietet sich ein qualitatives Vorgehen an. Wahrnehmungen des Einzelnen sind nicht nur Abbildungen einer äußeren Realität im Selbst, sondern auch vom Individuum vorgenommene Konstruktionsleistungen und Darstellungen dessen. Im bürgerschaftlichen Engagement wird aus subjektivem Erleben und individuellen Deutungsmustern soziales Handeln nach je individuellen und gesellschaftlich vorstrukturierten Mustern erzeugt. Es entstehen soziale Beziehungen mit bestimmten Merkmalen, die ihrerseits wiederum einen Rahmen bilden für den Handlungsspielraum der Adressaten bürgerschaftlichen Engagements. Um die subjektiven Deutungen der Engagierten einzufangen, wurde daher das leitfadengestützte persönliche „Face-to-Face"-Interview als Erhebungsinstrument gewählt. „Man muss die Subjekte selbst zur Sprache kommen lassen; sie sind zunächst die Experten für ihre Bedeutungsgehalte." (Mayring 2002: 66) Das konkrete methodische Vorgehen (Interviewleitfaden, Interviewpartner, Durchführung der Interviews) wird im Folgenden näher beschrieben.

Interviewleitfaden. Inhaltliche Basis zum Aufbau des Interviewleitfadens bildeten zum einen die Themenkomplexe wie Lebensqualität, Vielfalt des Alters und Partizipation, die für die zentralen Forschungsfragen und Annahmen des LiW-Projekts wichtig sind, und zum anderen die verschiedenen Aspekte, der in dieser Arbeit näher untersuchten Thematik bürgerschaftlichen Engagements. Durch den Leitfaden sollten die Interviewten zwar zum Untersuchungsgegenstand hingelenkt werden, aber die Möglichkeit haben, offen und auf ihre Weise zu reagieren.

Zentrale Leitfragen waren:

* Wie war Ihr bisheriger Werdegang?
* Wie kamen Sie dazu, sich als „Seniorenvertreterin/Nachbarschaftsstifter" den älteren Bürger hier im Stadtteil zur Verfügung zu stellen?
* Was hat Sie bewogen, sich als NST/SV zu melden und zu qualifizieren?
* Was gehört für Sie alles zu Ihren Aufgaben?
* Wie würden Sie ihr eigenes Engagement beschreiben? Was ist Ihnen wichtig daran?
* Was wäre schön, wenn es gelänge? Was würden Sie gerne erreichen?
* Wie bewerten Sie ihren eigenen Einsatz? (Was bedeutet es Ihnen und was bewirkt es im Stadtteil?)
* Welche Entwicklungsmöglichkeiten und Perspektiven sehen Sie?
* Was war/ist an der Situation in Gelsenkirchen begünstigend für Ihr Engagement?
* Wie sehen Sie die Senioren im Verhältnis zu anderen Generationen? Was ist Ihnen in diesem Zusammenhang wichtig?
* Wie stark sind Hochaltrige und ältere Menschen mit Zuwanderungsgeschichte in ihrem Blickfeld?
* Welche Bedeutung hat für sie und ihr Handlungsfeld das Thema ‚alternde Gesellschaft?/ Was assoziieren Sie mit diesem Thema?
* Was bedeutet für sie Lebensqualität im Alter?

Interviewpartner. Die Interviews wurden mit allen drei zum Zeitpunkt der Untersuchung im Referenzgebiet (Stadtteil in Gelsenkirchen; ermittelt im Rahmen des LiW-Forschungsprojektes), tätigen „Seniorenvertreterin/Nachbarschaftsstifter" durchgeführt. Sie nahmen vor Beginn ihres Engagements an einer Qualifizierungsmaßnahme teil und entschlossen sich, danach als „Seniorenvertreterin/Nachbarschaftsstifter" in ihrem Stadtteil zunächst auf ein Jahr befristet tätig zu sein. Inzwischen haben alle ihr Engagement um ein weiteres Jahr verlängert. Alle drei InterviewpartnerInnen waren zum Zeitpunkt der Befragung nicht mehr erwerbstätig, im Stadtteil wohnhaft und zwischen 54 und 66 Jahre alt. Es wurden Personen beiderlei Geschlechts befragt. Objektive Dimensionen ihrer Lebenslage, ihr Lebensverlauf und die impliziten Regeln, die ihren Alltag strukturieren und sie in ihrem Denken und Handeln leiten, weisen einerseits gewisse Gemeinsamkeiten auf, andererseits stehen sie im Kontrast zueinander.

Durchführung der qualitativen Interviews. Die Interviews wurden auf Wunsch der Interviewpartner entweder vor Ort in den zur Verfügung gestellten Räumlichkeiten der Partnerorganisationen oder im Infocenter der Stadt Gelsenkirchen durchgeführt. Alle Befragten wählten Orte, die für sie einen vertrauten Rahmen darstellen. Der Interviewerin war eine empathische, verstehende und bestätigende Haltung im Interview wichtig. Ein Interview dauerte zwischen 55 und 100 Minuten. Die Interviews wurden von der Verfasserin dieser Arbeit (teilweise auch im Beisein von Herrn Prof. Dr. Rüßler) vorgenommen. Das Interview folgte nach einer kurzen Einführung über Ziel und Inhalt der Interviews und dessen Verwendungszusammenhang keinem starren Ablaufschema des zuvor entwickelten Leitfadens. Die Strukturierung des Interviews wurde dem Erzählverlauf angepasst und vom Umfang her weitestgehend den Befragten überlassen. Ziel war, eine möglichst angenehme Gesprächssituation zu schaffen. Je nach sprachlicher Ausdrucksmöglichkeit und Vorliebe der Befragten wurde die Interviewsituation eher narrativ oder dialogisch gewählt. Bei der Durchführung wurde den von Lamnek zusammengefassten methodologischen Prinzipien qualitativer Interviews gefolgt (Schaffer 2009: 131ff.).

5.3 Methodische und technische Aspekte der Auswertung

Als auszuwertendes Material liegen drei transkribierte Interviews vor. Zur Datenaufbereitung der Audiomitschnitte erfolgte eine wörtliche Transkription mit Übertragung in normales Schriftdeutsch. Die Interviews wurden mithilfe der Diktiersoftware Dragon NaturallySpeaking transkribiert. Die inhaltliche Auswertung erfolgte mit dem Softwaretool MAXQDA, welches computergestützt eine qualitative Daten- und Textanalyse ermöglicht.

Ziel der qualitativen Auswertung ist es, spezielle Handlungsmuster der bürgerschaftlich engagierten „Seniorenvertreterinnen/Nachbarschaftsstifter" des konkreten Stadtteils zu erkennen und herauszuarbeiten, Unterschiede und Gemeinsamkeiten zu ermitteln sowie Auswirkungen verschiedener Faktoren auf ihr Engagement auszumachen.

Als Auswertungsmethode zur Textanalyse wird das Verfahren der qualitativen Inhaltsanalyse nach Mayring (Mayring 2002: 114ff.) gewählt. Das Material wird schrittweise und mit der Technik der inhaltsanalytischen Zusammenfassung (Kuckartz 2010: 92ff.) bearbeitet. Mit vorab definierten Kategoriendimensionen (Daten zur Person, persönlicher Werdegang, Berufs- und Engagement-Biografie, Rolle und Ausübung des Engagements und weitere) wird das Material Zeile für Zeile durchgearbeitet. Wird eine Textstelle gefunden, die zur Kategoriendimension passt, wird dafür eine Kategorie konstruiert und mit einem Kode versehen, der möglichst nahe am Material formuliert ist. Weitere Textstellen werden, wenn sie zur schon gefundenen Kodierung passen, subsumiert. Sind sie zwar zur gleichen Kategoriendimension zuzuordnen, passen aber nicht zur schon gefundenen Kodierung, werden sie mit einem neuen Kode versehen. Nach der Bearbeitung des größten Teils des Materials wird das gesammelte Kategoriensystem überarbeitet und das Material erneut bearbeitet. Die dekontextualisierten Textstellen werden einer vergleichenden Betrachtung unterzogen.

5.4 Ergebnisse

5.4.1 Einzelfallanalysen

Die Ergebnisse der Einzelfallanalyse werden in einem Portrait der jeweiligen Person zusammengefasst. Dabei wird folgendem Aufbau grob gefolgt:

- persönliche Daten, beruflicher Werdegang und Übergang in die Nacherwerbsphase

- materielle Ressourcen, Gesundheitszustand, Zeitkapazitäten

- Charakterisierung der Prioritäten und des eigenen Selbstverständnisses

- Erfahrungen mit bürgerschaftlichem Engagement

- Skizze dessen, was im Engagement bedeutsam und wichtig ist, welche charakteristischen Rollen als „Seniorenvertreterinnen/Nachbarschaftsstifter" gewählt und welche Gewinne damit erzielt werden

- Ideen und Vorstellungen vom eigenen Älterwerden

- resümierendes Motto

Innerhalb der Portraits wird mit einigen Textsegmenten der Originalton der Personen eingefangen. In ihnen findet sich brennpunktartig der jeweilige Typus. Darüber hinaus ist dieser auch in den Textpassagen der anschließenden die Fälle vergleichenden generalisierenden Analyse zu erkennen.

Eine zusammenfassende Übersicht zur Typik der „Seniorenvertreterinnen/Nachbarschaftsstifter" des konkreten Stadtteils findet sich in Tabelle 3.

Tabelle 3: Übersicht zur Typik der „Seniorenvertreterinnen/Nachbarschaftsstifter"

	A	B	C
Typus	„Mitmacher"	„Macher"	**„semiprofessioneller Einzelkämpfer"**
Prioritäten	eine überschaubare Aufgabe haben in Gesellschaft sein Menschen helfen	einen Einsatzort für das eigene Potential haben Herausforderungen meistern Ideen umsetzen und etwas bewegen Menschen zusammenbringen	kennen und gekannt sein Bescheid wissen als kompetent erachtet werden selbst Regie führen
Engagement als SV/NST			
Zielgruppe	generell ältere Menschen, die ein Anliegen haben	generell ältere Menschen, die ein Anliegen haben insbesondere einsame und alte Menschen, die der Hilfe bedürfen	alte und behinderte Menschen, die in gewisser Weise hilflos sind oder der Hilfe bedürfen
Werbung	defensiv wartet bis er angesprochen wird informiert über das Angebot der SV/NST	offensiv geht auf Menschen zu lädt ein, das Angebot der SV/NST im Stadtteil in Anspruch zu nehmen	offensiv geht auf Menschen zu macht sein Angebot bei Institutionen und Menschen bekannt
Ausübung des Engagements/ Rolle	Informieren beraten ggf. an kompetentere Stellen vermitteln	Menschen begleiten bis ihnen geholfen ist Vorreiter und Ideenumsetzer sein Ermöglichen von Gemeinschaftsaktionen	Hilfe erstreiten Ideen für andere haben Mittler zwischen Institutionen und Hilfebedürftigen sein
Die Rahmenbedingungen werden wahrgenommen als …	… keine Wünsche offen lassend.	… so gut, dass ein mehr, eine Konsumentenhaltung fördern würde.	werden tendenziell kritisch bewertet; eigen Erarbeitetes wird in den Vordergrund gestellt
Rollenangebot wird erlebt als …	Rahmen, sich einbringen zu können	Plattform, eigenes Potential zu entfalten	einengender Rahmen
Gewinn und Reziprozität	Zeit sinnvoll einsetzen eine Aufgabe haben andere kennen lernen	einen Einsatzort für das eigene Potential zu haben etwas zum Guten hin bewegen zu können insbesondere etwas gegen Vereinsamung tun zu können	bekannt zu sein als „Mittler" zwischen Behörden und Hilfebedürftigen benötigt zu werden noch etwas tun zu können und damit einen Platz in der Gesellschaft zu haben
wichtige Kontakte, die durch Engagement gewonnen werden	andere Menschen und Kollegen	aktive Andere und Gleichgesinnte	Mitarbeiter in Institutionen und Hilfebedürftige
Altersbilder	fragile Gesundheit defizitär	„junges" Alter – fit „altes" Alter – defizitär	unbeweglich, immobil Defizitär

Portrait Person A

Persönlicher und beruflicher Werdegang. Person A ist 66 Jahre alt, von Beruf KraftfahrerIn. In den Ruhestand ist sie aus einer Phase der Arbeitslosigkeit heraus gegangen. Sie ist geschieden und zum zweiten Mal verheiratet, ohne eigene Kinder. Die jetzige PartnerIn hat zwei Kinder mit in die Ehe gebracht. Mit der Heirat im Jahre 2000 ist A aus einer anderen Ruhrgebietsstadt nach Gelsenkirchen in den jetzigen Stadtteil gezogen. Person A war damit vor die Herausforderung gestellt, neue Kontakte zu knüpfen, was für sie nicht so leicht war. Das persönliche soziale Netzwerk in Gelsenkirchen ist noch nicht so groß. Person A selbst kennzeichnet die Atmosphäre in dem Mehrfamilienhaus, in dem sie mit der PartnerIn wohnt, als anonym. Von den drei Geschwistern, die alle in einer anderen Stadt beheimatet waren, leben nur noch zwei. Auch die Eltern sind mittlerweile verstorben. Zu ihnen allen hat ein sehr guter Kontakt bestanden, der jedoch auch zu den noch lebenden Personen nicht mehr so rege ist seit dem Umzug von A in eine andere Stadt.

Materiellen Ressourcen. Die materiellen Ressourcen von Person A sind knapp bemessen, der finanzielle Spielraum stark eingeschränkt. Der vorzeitige Ruhestand ist mit Abschlägen in der Rente behaftet. Durch eine frühere Scheidung sind die Rentenansprüche geteilt worden. Der/die jetzige PartnerIn wird finanziell mit versorgt. Weder Person A noch die/der PartnerIn besitzen ein Auto.

Gesundheit. Der Gesundheitszustand von Person A lässt eine die Rente ergänzende geringfügige Beschäftigung nicht zu. Sie leidet krankheitsbedingt an starken Schmerzen, die mit der Einnahme hoher Schmerzmitteldosen einhergehen, und Aktivitäten und Möglichkeiten stark einschränken. Bürgerschaftliches Engagement ist jedoch möglich, da dies nicht als so anstrengend erlebt wird.

Zeit. Die Zeit ist für Person A das Pfund mit dem sie wuchern kann und von dem ihr bisweilen mehr zur Verfügung steht, als ihr lieb ist. Sie nennt die nach Eintritt des Ruhestands frei verfügbare Zeit als Grund dafür, sich als „Seniorenvertreterinnen/Nachbarschaftsstifter" zur Verfügung zu stellen. Ebenso war die Möglichkeit neue Menschen kennenzulernen ein wesentlicher Beweggrund für das Engagement.

Charakteristik. A ist gern in Gesellschaft und braucht einen vorhersehbaren und überschaubaren Rahmen. Ein verlässliches Beziehungsnetz ist für Person A wichtiger als überall bekannt zu sein. Für sie sind die anderen von hoher Bedeutung. Sie geben ihr das Gefühl der Zugehörigkeit. Führungsverantwortung überlässt Person A gerne anderen und Konflikten geht sie eher aus dem Weg. Sie fügt sich in Hierarchien und Ordnungen ein. Herausforderungen stellt sie sich lieber mit anderen gemeinsam. Zusammen mit anderen an einer Aufgabe stehen und sich engagieren ist das Pfund von Person A.

Typus „Mitmacher" A möchte irgendwo mitmachen, ist gern in Gesellschaft, mit etwas beschäftigt und mit einer Aufgabe betraut, der sie sich gewachsen fühlt.

In der Zusammenschau folgender Sequenzen findet sich der Typus des „Mitmachers" wieder.

> *„Dass ich vor allen Dingen sehr viele Menschen kennen lerne. Vor allen Dingen die Seniorenvertreter selbst schon, und dann noch hier in der AWO und draußen, … also man lernt sehr viele Menschen kennen." [Antwort auf die Frage nach dem Positiven im Engagement]*

> *„Das machen wir meistens zusammen, …."*

> *„Wir waren ja hier in der ZWAR-Gruppe, in […], und da wurden wir gefragt […] und dann fragte sie immer: „Können Sie sich das vorstellen?" Und dann habe ich irgendwann mal gesagt, na gut, ich mach's."*

> *„Mitgehen können wir ja nun auch nicht, sollen wir ja auch gar nicht. Wir sollen ja nur informieren, wenn der nicht weiß, an wen er sich wenden kann, oder dass es das überhaupt gibt, so Spaziergangs-Gruppen usw."*

Bürgerschaftliches Engagement. Von Engagement-Erfahrungen während der Erwerbstätigkeit wird nicht berichtet. Seit dem Umzug nach Gelsenkirchen und der Verrentung ist Person A bei der Freiwilligenagentur, in einer ZWAR-Gruppe und den „Seniorenvertreterinnen/Nachbarschaftsstiftern" bürgerschaftlich engagiert. Zur Qualifizierungsmaßnahme der „Seniorenvertreterinnen/Nachbarschaftsstifter" gelangte Person A durch die Einladung der hauptamtlichen Gruppenbegleiterin der ZWAR-Gruppe des Stadtteils.

Die Qualifizierungsmaßnahmen im Rahmen des Projektes „Seniorenvertreterinnen/Nachbarschaftsstifter" haben Person A ausreichend mit Informationen versorgt, dass sie sich in der Lage sieht, älteren Menschen mit ihren Anliegen weiter zu helfen oder sie an entsprechende Orte zu vermitteln. Sie zählt zu denjenigen, die bei den Begleitterminen regelmäßig anwesend sind und trotz des frustrierenden Erlebnisses, bislang noch eher wenig nachgefragt zu werden während der Präsenzzeiten, weder die Hoffnung aufgegeben noch das Engagement zurückgefahren hat. Die anstehenden Termine, die über die Präsenzzeiten hinausgehen, nimmt sie wahr und auch für Aufgaben darüber hinaus lässt sie sich gewinnen. Die ihr angebotenen Möglichkeiten für die „Seniorenvertreterinnen/Nachbarschaftsstifter" in Gelsenkirchen Werbung zu machen, nutzt sie und es ist ihr ein Anliegen, dass das Angebot bekannt wird.

Die Tätigkeit als „Seniorenvertreterinnen/Nachbarschaftsstifter" verschafft ihr zwar eine gewisse Reputation, die nicht unwichtig für sie zu sein scheint, jedoch auch keinen besonders hohen Stellenwert für sie hat. Freude hat sie daran, sich mit anderen zu treffen und wenn es ihr gelingt, jemand anderem weiterzuhelfen oder durch ihr Zutun etwas Positives zu erreichen. Probleme und Dissonanzen im Engagement als „Seniorenvertreterinnen/Nachbarschaftsstifter" nimmt sie durchaus wahr, geht jedoch nicht eigenständig über den vertrauten oder angebotenen Handlungsrahmen hinaus. In für Person A noch unüberschaubaren Situationen oder mit Problemen konfrontiert, für die sie noch keine Lösung sieht, zeigt sie sich verunsichert und eher ausweichend. Sie nimmt das Leben wie es kommt. Bürgerschaftliches Engagement stellt eine gute Möglichkeit für A dar, mit anderen Menschen ähnlichen Alters in Kontakt zu treten und zusammen zu kommen, mit etwas beschäftigt zu sein und dabei auch für andere etwas zu tun.

Der persönliche Gewinn und Reziprozität sind für sie daher auch in gewisser Weise gegeben, wenn die Hilfe- und Ratsuchenden noch ausbleiben oder ihrer noch wenige sind.

Eigenes Älterwerden. Der Frage nach den Perspektiven für das eigene Altwerden begegnet sie ausweichend. Durch die im Rahmen des Engagements erlangten Kenntnisse fühlt A sich jedoch bestens informiert und für etwaig eintretende Situationen gut vorbereitet.

Für Person A steht im Mittelpunkt ihres bürgerschaftlichen Engagements, eine sinnvolle Betätigung zu haben und Menschen, zu denen sie dazu gehört. Dabei anderen älteren Menschen zu helfen, ist ebenso Ziel und Anliegen.

Portrait Person B

Persönlicher und beruflicher Werdegang. Person B ist 60 Jahre alt und seit ihrem 56. Lebensjahr erwerbsunfähig. Einer ersten Berufsausbildung folgte später eine weitere Qualifizierung mit entsprechender Anstellung. Person B arbeitete in wechselnden Positionen, Berufen und in unterschiedlichen Kontexten (z.B. Niederlassungsleiterin im Bereich industrieller Wartung, Taxifahrerin mit eigenem Taxi, Anstellung als HandelsvertreterIn einer Unternehmensberatung). B hat während der Erwerbsarbeitsphase Zeiten der Arbeitslosigkeit erlebt. Person B ist geschieden, hat Kinder, zu denen wenig bis kein Kontakt besteht, lebt in einer neuen Partnerschaft. B ist in Gelsenkirchen geboren und wohnt, abgesehen von einer achtjährigen Unterbrechung, in Gelsenkirchen, seit 1985 auch im Stadtteil (Referenzgebiet). Durch die Scheidung gingen die meisten bestehenden Kontakte verloren.

Materielle Ressourcen. B hat eine sehr kleine Rente und ist darauf angewiesen, dazu zu verdienen im Ruhestand. Die erste langjähriger Ehe wurden geschieden und die Rentenansprüche dementsprechend geteilt. In der Erwerbsbiografie wechselten sich Zeiten eines guten Verdienstes mit Zeiten geringen Verdienstes und Zeiten der Erwerbslosigkeit ab. B besitz keinen PKW.

Gesundheit. Obwohl für Person B die Altersrente aus einem Zustand der Erwerbsunfähig heraus begann und sie aktuell mehrere kürzere Krankenhausaufenthalte hinter sich hat, steht für sie das Thema der eigenen Gesundheit im Hintergrund. Begrenzungen durch den Gesundheitszustand erlebt sie insofern, als sie sich nach neueren Krankenhausaufenthalten fragt, in wieweit sie noch Verantwortung für Aufgaben übernehmen kann. Es ist ihr wichtig, bei mitgeplanten Aktionen dabei zu sein.

Zeit. Zeit erlebt Person B durchaus als begrenzte Ressource. Sie verdient sich in der Touristikbranche etwas zur Rente dazu. Es gelingt ihr jedoch daneben ihr bürgerschaftliches Engagement in der ZWAR-Gruppe und als „Seniorenvertreterinnen/Nachbarschaftsstifter" mit allen daraus erwachsenden weiteren Aktivitäten und Verpflichtungen auszuüben.

Charakteristik. Die Biografie von B ist in persönlicher wie beruflicher Hinsicht durch Brüche und Neuanfänge gekennzeichnet. Zeiten, in denen ihr viel zu gelingen scheint, und Zeiten, in denen es ihr schlecht geht und sie Tiefen und Krisen erlebt, wechselten einander ab. Letztere hat Person B nach eigenen Aussagen hinter sich gelassen und weitestgehend überwunden, weiß jedoch um diese Seite des eigenen Lebens. Sie begreift sich selbst als einen Menschen, der immer wieder die Initiative ergreift, aktiv ist, Ideen entwickelt, Verantwortung übernimmt und auf Menschen zugeht. Ein Klima, in dem ihre Beteiligung erwünscht ist, in dem ihr Freiraum für eigene Ideen und Aktivitäten zugestanden und ermöglicht wird, in dem sie gefordert wird und indem ihr die Rolle des Vorreiters zufällt, kommt ihr entgegen. Sind dann noch andere aktive Personen mit dabei und „ziehen mit", ist dies eine optimale Ausgangslage für Person B.

Typus „Macher" Für Person B hat Priorität, einen Einsatzort für ihr Potential zu haben, Herausforderungen zu meistern, Ideen umzusetzen, etwas zum Guten hin zu bewegen und Menschen zusammen zu bringen.

In den folgenden Sequenzen findet sich brennpunktartig der Typus des „Machers".

„Und das war's, diese Herausforderung, weil, du hast dreimal am Tag aus der Hüfte schießen müssen. Da kam irgendein Problem, das duldete keinen Aufschub oder Kunde drohte mit Auftrag. [...] Das hat Spaß gemacht diese Arbeit."

„Aber ich denke mal als Nachbarschaftsstifter, und da würde ich dann auch mal mein Visitenkärtchen präsentieren und sagen: „Erzählt mir hier mal keinen vom Pferd." Dass die dann sagen: „Der kommt von uns." Und dass das dann auch ein bisschen mehr Druck erzeugt zum Guten des Patienten oder des Kunden eben .."

„Ich bin doch froh, wenn ich mal das ganze Register ziehen kann (lacht) und sagen kann, der habe ich jetzt aber richtig geholfen."

„Ja, oder dass man das dann vielleicht organisiert „Frau Pesulski kann nur mit, wenn sie ihren Rollator dabei hat." Dass man dann sagt: „Also Leute, gemäßigtes Tempo, Erna ist dabei." Dass man sie dann in der Stadt auch fragt, wenn man merkt, sie kann nicht mehr, ob man sie in ein Taxi setzen soll. Dass man einfach Rücksicht nimmt aufeinander. Weil für mich ist das Schönste, ich bin eben ein kommunikativer Typ, ich würde gerne an so einem Tisch frühstücken [zeigt auf den Sitzungstisch, an dem 14 Leute Platz finden]. Der so besetzt ist, dass man auch mal Blödsinn machen kann, ..."

„Ich habe mal eine Frau beraten, da ging es hier um Patientenverfügung und so, wie heißt das noch, Vorsorgevollmacht. Die war so begeistert, die wollte mir 20 € geben. „Nee", sagte ich, „lassen Sie mal, ich mache das hier ehrenhalber. Aber Sie können mir einen anderen Gefallen tun, machen sie Reklame für uns, dass die Leute die Angst, die sie gegenüber Behörden haben, auch noch uns entgegenbringen, sondern wir helfen Ihnen dabei." Und da bin ich derjenige, wenn es drauf ankommt, die Frau an die Hand nimmt und gehe mit ihr zur Behörde. Und verlasse mich nicht darauf, dass ich glaube, die gut beraten zu haben. Weil damit ist der meist auch nicht geholfen. Ich habe die auch gefragt: „Soll ich dabei sein?" „Ja, das wäre mir eine große Hilfe, wenn Sie das machen würden.""

Bürgerschaftliches Engagement. Die bisherige Engagement-Biografie von Person B ist wie das Berufsleben davon gekennzeichnet: mitmachen, Ideen entwickeln,

Menschen ansprechen, zum Mittun animieren und Verknüpfungen herstellen, Verantwortung übernehmen. Wie ihre übrige Biografie weist auch die Engagement-Biografie Brüche auf, das Engagement wurde, ob nicht mehr passender Rahmenbedingungen in der einen Kirchengemeinde beendet und in der anderen neu aufgenommen und mit einem Wechsel der Gemeindemitgliedschaft verbunden. Person B möchte etwas bewegen und scheut nicht vor neuen Herausforderungen zurück. Sie ist es gewohnt, Verantwortung zu übernehmen und diese auch angetragen zu bekommen. Sie mag es, mit Menschen zusammen etwas zu gestalten, die auch aktiv sind. Eine reine Konsumentenhaltung lehnt sie ab. Eine gewisse Eigenständigkeit in dem, was sie tut, ist für sie wichtig. Auch Person B gelangte zur Qualifizierungsmaßnahme der „Seniorenvertreterinnen/Nachbarschaftsstifter" durch die persönliche Ansprache der hauptamtlichen Gruppenbegleiterin einer ZWAR-Gruppe.

Die Tätigkeit als „Seniorenvertreterin/Nachbarschaftsstifter" ist für B eine Möglichkeit, etwas im Stadtteil zu bewegen. Mit dem Schwinden gewachsener Nachbarschaften will sie sich nicht zufrieden geben. Als Auslöser für die Aufnahme des Engagements als „Seniorenvertreterin/Nachbarschaftsstifter" wird eine Begebenheit im Stadtteil geschildert, die von großer Einsamkeit und Anonymität zeugte. Die Position als „Seniorenvertreterinnen/Nachbarschaftsstifter" mit dem, was sie in dieser Rolle tut, misst ihr Bedeutung für andere bei, gibt ihr Sinn und einen Ort, an dem sie ihr Potential zum Einsatz bringen kann, auch gerade angesichts der „Hochs" und „Tiefs" des eigenen Lebens. Sie rechnet sich noch nicht zu den „alten Leuten" möchte diesen jedoch gerne helfen, wenn sie mit den eigenen Einschränkungen selbst nicht mehr fertig werden oder sich ihnen nicht mehr gewachsen sehen. Insbesondere der Einsamkeit und Hilflosigkeit älterer Menschen zu begegnen, liegt ihr am Herzen. So hat sie über ihre Zugehörigkeit zur ZWAR-Gruppe ein Vorleseprojekt im Seniorenwohnheim gestartet und entwickelt weitere Ideen, was getan werden könnte.

Ihr persönlicher Gewinn und Reziprozität sind insofern auch bei noch geringer Nachfrage während der Präsenzzeiten gegeben, denn für sie selbst stellen die „Seniorenvertreterinnen/Nachbarschaftsstifter" wie auch die ZWAR-Gruppen eine Plattform dar, um sich einbringen zu können, gefragt zu sein und etwas mit anderen, die auch aktiv sind, gemeinsam bewegen zu können. Dieser Gewinn wird vermehrt durch jeden älteren Menschen, der durch ihren Einsatz Hilfe erfährt und ihr dies widerspiegelt. Ihr bürgerschaftliche Engagement gibt ihr Stabilität, einen Ort des Gebraucht-Seins und der Zugehörigkeit.

Eigenes Älterwerden. Für ihr eigenes Alter kann sie sich gut vorstellen in einer Wohngemeinschaft zu leben.

Für Person B steht im Mittelpunkt ihres bürgerschaftlichen Engagements, zum Einsatz zu bringen, was ihr zur Verfügung steht, für andere von Bedeutung zu sein und mit ihnen etwas zum Guten hin zu bewegen.

Portrait C

Persönlicher und beruflicher Werdegang. Person C ist 54 Jahre alt und seit ihrem neunundvierzigsten Lebensjahr erwerbsunfähig und Rentnerln. Sie ist alleinerziehender Elternteil einer heute erwachsenen Tochter und lebt allein. Die eigenen Eltern sind früh verstorben. Das familiale Netzwerk ist klein. Person C wohnt wenige Meter jenseits der Stadtteilgrenze und kennt den Stadtteil (Referenzgebiet) schon aus Kindertagen. Sie hat in unterschiedlichen meist dienstleistenden Beschäftigungsverhältnissen gearbeitet (Hotel, Deutsche Post, Arbeit mit psychisch kranken Menschen). Von einer abgeschlossenen anerkannten Berufsausbildung ist nicht die Rede. Sie berichtet von einer angefangenen Ausbildung zum/zur Heilerziehungspflegerln in späteren Jahren, die aber aus Krankheitsgründen nicht abgeschlossen wurde. Person C kennt Zeiten der Arbeitslosigkeit, in denen sie an Weiterqualifizierungsmaßnahmen teilnahm und zum Beginnen der oben beschriebenen Ausbildung ermutigt wurde.

Materielle Ressourcen. Person C bezieht eine kleine Rente, durch die sie sehr eingeschränkt ist. Sie verfügt zumindest zeitweilig über einen Personenkraftwagen.

Gesundheit. Ihr Gesundheitszustand kann als multimorbid bezeichnet werden, da bei ihr mehrere Krankheiten diagnostiziert wurden. Sie ist zeitweise auf Gehhilfen, Rollstuhl und weitere technische Hilfsmittel angewiesen. Sie selbst betitelt ihren gesundheitlichen Zustand mit „körperlich geht gar nichts mehr".

Zeit. Ihre zeitlichen Kapazitäten werden größtenteils für den Umgang mit ihrer Krankheit benötigt, andererseits sieht sie Zeit als ihre einzige Ressource an, die sie anderen zu geben noch in der Lage ist. Ihre Präsenzzeiten als „Seniorenvertreterinnen/Nachbarschaftsstifter" nimmt sie jedoch wahr. Die eine oder andere damit verbundenen Aufgabe erledigt sie dabei von ihrer Wohnung aus.

Charakteristik. Ihr ist es wichtig, gut informiert und bekannt zu sein und als kompetenter Berater zu gelten, der Menschen, die Hilfe benötigen, zu dem verhilft, was ihnen zusteht. Ihre Sicht auf die Welt und Menschen ist von einer Portion Skepsis geprägt. Sie ist es gewohnt, auf Widerstände zu stoßen und für sich und andere etwas erstreiten zu müssen. Sie beschreibt sich selbst als hartnäckig, als Person, die sich etwas einfallen lässt, die gute Kontakte zu entsprechenden Stellen hat, sich nicht so leicht abwimmeln lässt und sich vieles im Leben selbst hart erarbeitet hat. Der Schwerpunkt ihres Engagements liegt nicht so sehr darauf Nachbarschaftsstifterin, sondern Seniorenvertreterin zu sein.

Typus „semiprofessioneller Einzelkämpfer"

> Für Person C hat Priorität, sich auszukennen und zu wissen, an wen man sich wenden kann. Sie scheut sich nicht, Kontakte aufzunehmen, um sich und anderen zu helfen. Sie will Bescheid wissen und es ist ihr wichtig, kompetent zu sein und als solche zu gelten. Eine ihrer Devisen ist „kennen und gekannt sein", für die sie einen hohen Einsatz zeigt. Sie möchte selbst Regie führen, in dem was sie tut.

In den folgenden Sequenzen ist der Typus des „semiprofessionellen Einzelkämpfers" zu erkennen.

> *„Also ich hab gekämpft dafür, dass wir vom Versorgungsamt [...], da hatten wir keine Behindertenparkplätze. Und das habe ich über das WDR Fernsehen hingekriegt, dass da Behindertenparkplätze sind."*

> *„Und von der Betreuungsgeschäftsstelle gesagt bekommen: „Wenn ich mir Ihren Radius so anschaue, den sie haben aufgrund ihrer langen ehrenamtlichen Tätigkeit, die hat so mancher andere gesetzliche Betreuer nicht, der bei uns arbeitet nicht.' Nur ich hatte keine akademische Ausbildung und kam dadurch nicht in Betracht. Freiberuflich konnte ich das auch nicht machen. Ich hätte gerne die Möglichkeit gehabt, irgendwo eine Lotsenfunktion zu besitzen. So! Aufgrund der Arbeit habe ich mir aber alles selbst erarbeitet. Da haben wir nicht irgendwie eine Liste darüber. Ich weiß jetzt, in dem Krankenhaus ist der Sozialarbeiter, in dem es der und der und der, aber alles durch Eigeninitiative."*

> *„...und hab das eigentlich alles immer in Eigenregie gemacht..."*

> *„Und ich bedaure ja eher, dass sich nicht mehr so kann wie ich früher konnte. Das ist ja auch das, was mich so ärgert. Da muss ich halt auch mit haushalten. Aber ohne das könnte ich es mir gar nicht vorstellen. Ich habe es einmal erlebt, als es*

mir ganz schlecht ging, da saß dann so eine Sterbebegleiterin vor meinem Bett. Ja, da habe ich mich aber komisch gefühlt. Weil da machst du das jahrelang und dann erlebst du auf einmal einen Rollentausch. Damit habe ich Schwierigkeiten gehabt, damit umzugehen. Nicht damit, dass es mir schlecht ging, sondern damit dass sie da saß das konnte ich überhaupt nicht akzeptieren."

Bürgerschaftliches Engagement. C hat sich Zeit ihres Lebens irgendwo ehrenamtlich und freiwillig engagiert und in wechselnden Kontexten eingebracht. Sie tat dies sowohl in Anbindung an eine Organisation als auch in Eigenregie.

Das Bedürfnis danach, einen Platz in der Gesellschaft zu haben und für "die Anderen" von Bedeutung zu sein, wird durch das Ehrenamt gestillt. Wenn sie dabei eine Anbindung an eine Organisation sucht, erwartet sie Unterstützung ihrer eigenen Bemühungen, Anliegen und Ideen und zeigt sich enttäuscht, wenn dies von den Anderen (meist Professionellen) nicht in der Weise erfolgt, wie sie es sich gewünscht und erhofft hätte. Die Hoffnung, dass aus ehrenamtlichem Engagement und Eigeninitiative eine bezahlte Anstellung erwachsen würde, erfüllte sich nicht. Sie erlebte ihre fehlende berufliche Qualifikation dabei als Begrenzung. Hier liegt ein gewisses Enttäuschungspotential. Sie kennt auch das Engagement für andere in eigener Regie und ohne direkte Anbindung an eine Organisation. Fehlende berufliche Kompetenzen im jeweiligen Engagement-Feld suchte Person C durch Elan, Einsatz und Sammeln von Informationen und Wissen auszugleichen, um von anderen als kompetenter Ansprechpartnerin angesehen zu werden und weiterhelfen zu können. Gerade auch der Kontakt, den sie aufgrund ihrer Hilfe für andere mit den professionellen MitarbeiterInnen bei Behörden und Organisationen sucht, hat eine besondere Bedeutung für sie. Sie beschreibt ihn als besonders gut und als eine Quelle ihrer Beratungskompetenz, durch die sie sich von anderen abhebt. Sie berichtet davon, sowohl selbst Menschen anzusprechen, wenn sie glaubt, dass diese Hilfe benötigen, und davon dass sie auch von anderen als Ansprechpartner empfohlen wird. Sie sieht sich in der Rolle des Mittlers zwischen Professionellen und hilfebedürftigen/ratsuchenden Personen. Es macht für sie Kompetenz aus, diese Funktion zu haben. Es behagt ihr nicht, selbst in der Position desjenigen zu sein, der von anderen helfend begleitet oder als der Hilfe bedürfend angesehen wird. Andererseits bezieht sie gerade aus ihren eigenen Erfahrungen mit Krankheit und den damit verbundenen Einschränkungen im Alltag Motivation und Ideen für die Hilfe anderer. Die eigene Fähigkeit und Kompetenz, anderen in vergleichbaren Situationen helfen zu können und sich für sie einzusetzen, erhöht sich durch die eigene Betroffenheit.

„Seniorenvertreterin/Nachbarschaftsstifter" zu sein gibt ihr eine offizielle Position, eine Reputation, die sie von Berufs wegen nicht in dem Maße erlangen konnte, wie sie es sich gewünscht hätte. Eine durchaus "wehrige" Person, die sich Unterstützung im Notfall auch erstreitet. Was sie ist, hat sie sich nach eigenen Aussagen selbst erarbeitet. So gelangte sie zur Qualifizierung der „Seniorenvertreterinnen/Nachbarschaftsstifter" aus eigenem Antrieb, auch die Patenorganisation, die ihr für ihre Präsenzzeit ein Büro inklusive Ausrüstung und Equipment zur Verfügung stellt, suchte sie sich selbst aus und nahm dorthin Kontakt auf.

Auslöser für die Aufnahme des Engagements als „Seniorenvertreterin/Nachbarschaftsstifter" war eine weitere Verschlechterung ihres eigenen Gesundheitszustandes. Das "ich kann selbst und alleine" wich einem, dem eigenen Gesundheitszustand und Nachlassen der Kräfte geschuldeten, "mit anderen". Es wird von ihr im Rahmen des Projektes „Seniorenvertreterinnen/Nachbarschaftsstifter" jedoch nicht so sehr das informelle Netzwerk (andere „Seniorenvertreterinnen/Nachbarschaftsstifter") gesucht, sondern die Nähe zu den Professionellen und zu institutionellen Kontaktstellen.

Sie hat viele Ideen, was für SeniorInnen getan werden kann oder wie das soziale Klima im Stadtteil verbessert werden könnte. Ihre Ideen und Projekte sind jedoch so groß, dass sie nur mit anderen gemeinsam angegangen werden könnten. In wieweit sie in der Lage ist, nicht nur als Ideengeberin für andere zu fungieren, sondern auch mit anderen gemeinsam an einer Vision zu arbeiten, bleibt fraglich. Sie war bislang wenig erfolgreich darin, Menschen zu finden, die ihre Ideen umsetzen oder sich mit ihr in ein Netz knüpfen lassen.

Für C ist die noch mangelnde Nachfrage während der eigenen Präsenzzeiten als „Seniorenvertreterin/Nachbarschaftsstifter" sehr frustrierend. So hat sie auch schon einmal erwogen aufzuhören. Bürgerschaftliches Engagement als „Seniorenvertreterin/Nachbarschaftsstifter" verschafft ihr eine Position sowohl Behörden, Einrichtungen und Institutionen gegenüber (mehr auf Augenhöhe als dies als Privatperson der Fall ist) als auch Hilfesuchenden gegenüber. Allerdings ist ihr sehr bewusst, dass wenn Letztgenannte ausbleiben, auch von der eigenen Position nicht viel übrig bleibt. Mehr als der Status als „Seniorenvertreterinnen/Nachbarschaftsstifter" ist für C wichtig, was im Vollzug des Engagements geschieht, die Interaktion in beide Richtungen (Vermittler zwischen Hilfesuchendem und professionellem Mitarbeiter). Erst daraus entsteht für sie der wirkliche persönliche Gewinn und ist Reziprozität gegeben.

Eigenes Älterwerden. Ob ihres schlechten Gesundheitszustandes denkt C nicht so sehr über das eigene Leben als zukünftige Hochbetagte nach, sondern ist bemüht, die jetzige Lebensqualität aufrecht zu erhalten und die kleinen Dinge des Alltags im „Jetzt" zu genießen. Ihre Multimorbidität nimmt einen großen Teil ihrer Kapazitäten und ihrer Zeit in Anspruch. Ihr Gesundheitszustand setzt ihrem Engagement Grenzen und dient auch als Begründung für Abgrenzungen gegenüber Erwartungen, die tatsächlich oder vermeintlich an sie herangetragen werden. Einerseits spricht sie davon, dass ihr wegen der Einschränkungen gar nichts mehr möglich ist, andererseits berichtet sie von zahlreichen Aktivitäten, bei denen sie sich für andere einsetzt.

Für Person C steht im Mittelpunkt ihres Engagements „kennen, und gekannt sein". Für sie macht ihr Leben Sinn, wenn sie als kompetenter Helfer für andere wichtig ist und eine Mittlerfunktion hat.

5.4.2 Generalisierende Analyse

Nach der Betrachtung der Einzelfälle wird im Folgenden eine generalisierende Analyse des Datenmaterials vorgenommen. Sowohl Gemeinsamkeiten als auch Unterschiede zwischen den Personen werden im Kontrast herausgearbeitet. Aus den in dieser Arbeit ausgewählten Einzelfällen sind Grundtendenzen zu erkennen, die für das Engagement als „Seniorenvertreterin/Nachbarschaftsstifter" in Gelsenkirchen typisch erscheinen und mit den Rahmenbedingungen im Zusammenhang stehen. Begonnen wird mit einem Vergleich der objektiven Lebenslagendimensionen bzw. ihrer subjektiven Bedeutung für die Personen und deren Auswirkungen auf ihr bürgerschaftliches Engagement. Aussagen der Befragten Personen werden als Beleg aufgeführt.

Zeit und Engagement. Die Zeit, die allen nach eigenem Erleben zur Verfügung steht, wird unterschiedlich bemessen von sehr viel Zeit, die sogar Anlass und Auslöser für die Aufnahme von Engagement ist (A), bis hin zu einer knappen Ressource, da der eigene Gesundheitszustand viel Zeit in Anspruch nimmt, aber dennoch Zeit als einzige im Engagement zum Einsatz zu bringende Ressource angesehen wird (C). Über die eigentlichen Präsenzzeiten hinausgehende Verpflichtungen werden daher auch unterschiedlich besucht. Eine Person, die über genügend Kapazitäten an Zeit zu verfügen glaubt, nimmt häufiger zusätzliche Treffen und Veranstaltungen wahr (A und B) als eine Person, die ihre Zeit eher knapp bemessen sieht (C).

A. „Dass ich so viel Zeit hatte."

B. „… damals hatte ich ja noch keinen andern Zeitvertreib …"

C. „Wenn ich so wie morgen einen Termin um 10:00 Uhr habe, da muss ich um 5:00 Uhr aufstehen und meine Medis nehmen, damit ich um 10:00 Uhr fit bin." „Und der einzige Input, den ich jetzt noch habe, denn körperlich geht gar nichts mehr, ist Zeit."

Allerdings ist zu vermuten, dass hier das unterschiedliche Bedürfnis nach sozialen Kontakten und Geselligkeit mit anderen „Seniorenvertreterinnen/Nachbarschaftsstiftern" hineinspielt, welches bei Person A beispielsweise ausgeprägter als bei Person C zu sein scheint.

A als Antwort darauf, was er positiv am Engagement findet: „Dass ich vor allen Dingen sehr viele Menschen kennen lerne. Vor allen Dingen die Seniorenvertreter selbst schon, und dann noch hier in der AWO und draußen, … also man lernt sehr viele Menschen kennen."

C: „Das muss ich für ein Frühstück nicht unbedingt machen und da muss ich schon Prioritäten setzen. Da muss ich mir selbst das Wichtigste bleiben und das mache ich dann auch. Deshalb bin ich auch häufig nicht da wie bei den Frühstückstreffen."

Werden darüber hinaus beschriebenen Aktivitäten, für die Zeit eingesetzt wird, näher in Augenschein genommen, treten auch hier die für wichtig erachteten Dinge des Lebens, die eigenen Prioritäten und das eigene Selbstverständnis der jeweiligen Person deutlich hervor. Es ist zu erkennen, wie diesem Handlungsmuster folgend, auch die Zeit verwendet wird und nicht nur die Gesundheit die Zeitkapazitäten vorbestimmen, wie dies oberflächlich betrachtet der Fall zu sein scheint. Besonders deutlich tritt dieser Zusammenhang bei Person C zutage und erklärt auch die Widersprüchlichkeiten in ihren Aussagen diesbezüglich. Einerseits beschreibt sie ihren Gesundheitszustand als sehr einschränkend und viel Zeit in Anspruch nehmend (s.o.). Andererseits berichtet sie von zahlreichen Aktivitäten und einem erheblichen auch zeitlichen Einsatz.

„Ja und jetzt mache ich halt so ganz viel, was die alle nicht haben, …" „Weil das, was ich gemacht habe, das mit dem Pflegekassen und auch immer noch mache, …"

„Auch zum Beispiel, was ich noch mache, ich gehe in die Vereine. […] Und dann habe ich überall, […] Flyer ausgelegt und Plakate aufgehängt. Da drüben im Ge-

meindehaus, alles was ich da so kenne, Frauenhilfe, da habe ich mich dann vor-
gestellt, und, und, und."

„Ich hatte mich auf dem Gemeindefest im Sommer hingestellt, damit die mich ken-
nen lernen. Ich habe den ganzen Tag dagestanden und meinen Flyer verteilt."

„Ich hatte ja alles abgegrast."

„… da habe ich angeboten, dass ich zum Beispiel den Dienstag noch dazu neh-
men würde den Vormittag."

„… wenn ich beim Einkaufen jemanden sehe, der Hilfe braucht, dann gebe ich
dem einen Flyer oder eine Visitenkarte und sage, der soll doch mal vorbeikommen
oder anrufen. Weil ich habe dann auch kein Problem damit, dass die mich zuhau-
se anrufen. […] Also wenn ich so etwas sehe, wenn man mit offenen Augen he-
rumläuft, sehen Sie immer so etwas. Gestern habe ich noch so einen Fall beim
Einkaufen gehabt …"

„… die beiden Fälle, die so sehr zeitintensiv waren …"

Materielle Ressourcen und Engagement. Allen drei Interviewpartnern stehen
nur geringe materielle Ressourcen zur Verfügung. Sie beziehen nur eine kleine
Rente und erleben dies in ähnlicher Weise als einschränkend.

> A. *„…und das mit zwei Personen, da kommen sie nicht mit aus." "Denn ich muss ja*
> *selbst noch zum Arbeitsamt hin."*

> B. *„…ich habe eine ganz kleine Rente und bin auf Nebenverdienst angewiesen…"*

> C. *„Ich bin auch aufgrund meiner ganz kleinen Rente sehr eingeschränkt."*

Problematische Auswirkungen auf ihr Engagement als „Seniorenvertreterin/Nach-
barschaftsstifter" werden jedoch von keiner Person thematisiert. Festzuhalten ist,
dass Person B ihr bürgerschaftliches Engagement mit der Notwendigkeit des Zu-
verdienens zur Rente terminlich in Einklang bringen kann. Das Engagement wird
gemeinschaftlich mit anderen ausgeübt. Dadurch ist eine gewisse Flexibilität und
terminlicher Spielraum gegeben.

Bildung, Berufsbiografie und Engagement. Über die formale Bildung existieren
nur wenig explizite Aussagen. Von den Schilderungen zur Berufsbiografie kann jedoch auf den Status der jeweiligen Personen geschlossen werden. So sind Person
A und C vermutlich ohne Berufsabschluss, lediglich B hat eine abgeschlossene
Berufsausbildung und besitzt eine Fachoberschulreife. Nur A gibt lediglich einen

Beruf an, der im Laufe des Lebens ausgeübt wurde. Die beiden anderen Personen haben in wechselnden Berufen und Beschäftigungsverhältnissen gearbeitet.

A und B identifizieren sich noch im Ruhestand in gewisser Weise mit ihren ausgeübten Berufen.

> A: „Bin Kraftfahrer.“

> B: „Ich bin Bilanzbuchhalter.“

Person B schildert ihren beruflichen Werdegang allerdings aus einer gewissen Distanz heraus und als Aufstieg und Ausstieg und mit wechselnden Positionen und Arbeitsverhältnissen, die ihr aber für eine begrenzte Zeit sowohl Ansehen als auch Befriedigung verschafft haben. Die für sie typischen Handlungsmuster (ergreift Initiative, entwickelt Ideen, braucht Gestaltungsspielraum und Herausforderungen) sind auch in der Schilderung der Phase der Berufstätigkeit deutlich zu erkennen.

> „Ich bin ██████████████████████ ist so der Meisterbrief in der Verwaltung. Da gibt es zwei Wege, sie können ████████████████████ werden, da wusste ich, das bin ich nicht, oder sie können Generalist werden. Als ████████ ██████████████ war für mich klar, ich werde Generalist. D.h. ich bin Abteilungsleiter geworden, war dann Hauptabteilungsleiter und hatte vier Abteilungen unter mir. Dann habe ich einen interessanten Job angeboten bekommen …“

> „Nein, da war ich arbeitslos. Da bin ich Taxi gefahren zu der Zeit. Dann rief der ein halbes später an und sagte, was ist mit Industriewartung? „Industriewartung? Hören Sie einmal, ich weiß noch nicht einmal wie man das schreibt.“ „Ach“, sagte er, „kommen Sie, das lernen Sie.“ Dann bin ich Niederlassungsleiter in der Industriewartung geworden, durfte mir mein eigenes Büro einrichten. Und das war's, diese Herausforderung, weil, du hast dreimal am Tag aus der Hüfte schießen müssen. Da kam irgendein Problem, das duldete keinen Aufschub oder Kunde drohte mit Auftrag. […] Das hat Spaß gemacht diese Arbeit. Gut, ich hatte auch kein Wochenende. Aber mein Chef sagte immer: „Gehen sie doch dienstags oder mittwochs schwimmen, da brauchen sie doch nicht in der Firma sein. Für sie ist es wichtig, dass Sie Samstag oder Sonntag da sind.“

Person C berichtet demgegenüber in der Vergangenheitsform. Sie berichtet als was sie gearbeitet hat und schildert solche Passagen ihres Erwerbslebens detaillierter, die als Arbeiten „am Menschen“ bezeichnet werden können. Bisweilen ist zunächst nicht klar zu erkennen, welche Tätigkeiten davon ehrenamtliche waren und welche dem Broterwerb dienten.

„Beruflich habe ich als Arbeitspädagoge gearbeitet, mit psychisch Kranken. Hab ganz viele Jahre, dadurch, dass ich den X (Verantwortlicher in der Kommune) auch schon kannte, ganz viel immer ehrenamtlich gearbeitet, erst mit psychisch Kranken dann aber auch im Seniorenbereich, Hospizarbeit. Gerade für die Hospizarbeit habe ich dann für mich so den Anspruch gehabt, dass ich wenigstens noch so einen Krankenpflegehelferlehrgang machen wollte, basale Stimulation usw. Ich habe auch für den Kinderschutzbund am Telefon gearbeitet, ehrenamtlich. [...] Durch viele stationäre Aufenthalte bin ich eigentlich zu dieser Seniorengeschichte gekommen, weil im Krankenhaus sieht man dann: Mensch da ist einer, der kriegt überhaupt keinen Besuch, da kümmert sich keiner, da ist niemand, der die Wäsche wechselt und, und, und. Und dann kamen so Querverbindungen, zu einem Altenwohnheim, zu Altenwohnungen, und dann ging's hinterher immer noch "also, wenn du was brauchst, dann ruf doch die C an...". Na, so Mund-zu-Mund-Propaganda. Das wurde dann immer mehr, so dass ich teilweise auch gesetzliche Betreuung mitgemacht habe und die Leute ins stationäre Hospiz gebracht habe, ins Altenheim gebracht habe, Wohnung aufgelöst habe, und, und, und, ... also querbeet Seniorenarbeit.“

Enttäuschte Hoffnungen, zu einer erwerbsmäßigen Anstellung über bürgerschaftliches Engagement zu gelangen, und ihr Hadern mit den fehlenden beruflichen Qualifikationen, welche sie als Begrenzungen in ihrem beruflichen Werdegang erlebte, stehen im Vordergrund ihrer Schilderungen.

„Als Alleinerziehende(r) ganz lange auf der Suche nach einem festen Arbeitsplatz hätte ich gerne die Möglichkeit gehabt, mich da einzubringen, natürlich bezahlt auch. Und von der Betreuungsgeschäftsstelle gesagt bekommen, wenn ich mir ihren Radius so anschaue, den sie haben aufgrund ihrer langen ehrenamtlichen Tätigkeit, die hat so mancher andere gesetzliche Betreuer nicht, der bei uns arbeitet nicht. Nur ich hatte keine akademische Ausbildung und kam dadurch nicht in Betracht. Freiberuflich konnte ich das auch nicht machen. Ich hätte gerne die Möglichkeit gehabt, irgendwo eine Lotsenfunktion zu besitzen. So, aufgrund der Arbeit habe ich mir aber alles selbst erarbeitet.“

Die fehlende berufliche Qualifikation sucht sie durch selbsterarbeitetes Wissen und Bekanntheit auszugleichen.

„Sie glauben doch, dass ich durch eigene Recherchen oft weiter komme.“

„Nein. Und die kennen mich auch nur, weil ich das so viele Jahre mache. Und die geben mir die Auskunft auch nur, weil die mich so lange kennen.“

„Und aufgrund dessen habe ich die Querverbindungen. Das haben die andern Se-
niorenvertreter nicht."

Alle drei Berufsbiografien weisen Zeiten von Arbeitslosigkeit auf, schildern dies jedoch mit unterschiedlicher für sie typischer Akzentuierung (passiv, aktiv, distanziert-kritisch).

A. „... ich hatte Arbeitslosengeld gekriegt ..."

B: „... da war ich arbeitslos ..."

C. „Dann hat die Agentur für Arbeit eben diese Fortbildung noch gemacht ..."

Was die harten Fakten anbelangt gibt es viele Übereinstimmungen und Gemeinsamkeiten. Alle haben Zeiten von Arbeitslosigkeit, Brüche und ein vorzeitiges Ausscheiden aus der Erwerbsbeteiligung erlebt (inkl. der negativen Auswirkung auf ihre Rentenbezüge). Den eigenen Handlungsmustern entsprechend agieren konnten jedoch nur A und B zumindest zeitweise in ihrem Berufsleben. Für C war es wenig möglich, Regie zu führen und auf den Positionen zu arbeiten, die sie sich gewünscht hätte. Erfahrungen der Selbstwirksamkeit sind ebenso in unterschiedlich großem Maß vorhanden und bei B am deutlichsten zu sehen.

Gesundheit und Engagement. Der Gesundheitszustand aller drei Personen ist beeinträchtigt, sie erleben dies jedoch in unterschiedlicher Weise als einschränkend. Allen ist gemeinsam ist, dass sie bei oder vor Renteneintritt schon erwerbsunfähig waren oder sind.

A. Auf die Frage nach Zuverdiensten wurde in folgender Weise geantwortet: „Kann
ich ja nicht, das kann ich gesundheitlich nicht. Nein, das geht nicht. Ne, dafür ist
mein Rücken zu viel kaputt. ... ich nehme ja auch Betäubungsmittel und eh, ist
schon das letzte was man kriegt. Das ist eine Einbuße, man kann nicht mehr ma-
chen was man will. Ne!"

B. „Ich würde im Moment ein anderes Problem sehen, bin ich gerade da oder bin
ich mal wieder zu den Elektroschocks."

C. „...bin, wie man jetzt auch leider sehen kann, so krank, dass ich aufgrund des-
sen in die Erwerbsunfähigkeit gekommen bin."

„... körperlich geht gar nichts mehr ..." „Also [...] (es folgt eine Aufzählung ver-
schiedener Krankheitsdiagnosen) *Es geht noch weiter, aber ich denke es reicht.*
Das Schlimme ist, die Lunge ist halt das Problem, dass ich also unter Belastung
keine Luft hab und deshalb im Rollstuhl bin, draußen."

„Dafür bin ich zu krank. Ich könnt ja morgen tot sein."

„Ich brauche unbedingt eine neue Lunge."

"...weil ich auch wieder im Krankenhaus war ..."

Die gesundheitliche Lage der drei „Seniorenvertreterinnen/Nachbarschaftsstifter" weist Ähnlichkeiten auf insofern, dass sie entweder aus gesundheitlichen Gründen berentet wurden (B und C), also mit gesundheitlichen Einschränkungen seit längerer Zeit leben, oder aus gesundheitlichen Gründen heute gar nicht mehr erwerbstätig sein könnten (A). Dennoch engagieren sich alle drei Personen für das Gemeinwohl.

Im Zusammenhang mit der Aufnahme oder der Ausübung des Engagements gibt es jedoch erhebliche Unterschiede. Das Engagement als „Seniorenvertreterin/ Nachbarschaftsstifter" wird „mit", „trotz" und gerade „wegen" des eingeschränkten Gesundheitszustandes gewählt und ausgeübt.

Für Person A ist das Engagement „mit" ihren gesundheitlichen Beeinträchtigungen möglich. Kräftemäßig erwartet sie im Engagement ein überschaubarer Rahmen, der den eigenen Möglichkeiten und Kräften entspricht.

„Das geht noch. Ja, das ist ja nicht so schwer."

Person B ist sozusagen „trotz" der Beeinträchtigung engagiert. Sie verharmlost ihre Beschwerden eher und geht mit der Behandlung der Symptome distanziert um. Zudem sind einige Beschwerden neu für sie, sodass sie noch verunsichert ist, in wieweit sie dadurch in ihrem Engagement einschränken sein wird. Solange die gesundheitlichen Beschwerden sich im Alltag nicht massiv bemerkbar machen, werden sie nicht sonderlich beachtet. Insgesamt nimmt das Thema der eigenen Gesundheit nur wenig Raum im Interview mit Person B ein und findet im weiteren Gesprächsverlauf auch keine erneute Erwähnung.

Person C stellte sich gerade „wegen" ihres Gesundheitszustandes als „Seniorenvertreterin/Nachbarschaftsstifter" zur Verfügung. Die Verschlechterung ihres Gesundheitszustandes war ausschlaggebendes Moment für die Aufnahme des Engagements. Sie erlebt, nicht mehr alleine etwas für andere tun zu können, sodass das Projekt für sie eine Chance darstellt, weiterhin engagiert zu sein. Schwindende eigene Kräfte werden durch vorgezeichnete und angebotene Ressourcen der Engagement-Struktur und ein bereitgestelltes Netzwerkes ersetzt.

„ ...so und hab dann aber jetzt gedacht, jetzt bist du halt nicht mehr fit genug, du kannst vieles nicht mehr alleine und wenn du dich dann so einem Netzwerk an-

schließen kannst, dann machst du das jetzt auch. Um überhaupt noch was zu machen."

Die zur Verfügung gestellten Rahmenbedingungen der „Seniorenvertreterinnen/Nachbarschaftsstifter" stellen eine Ermöglichungsstruktur für C dar, noch etwas tun zu können. Ohne ihr bürgerschaftliches Engagement würden zudem eine ganze Reihe der für sie wichtigen Kontakte zu professionellen Mitarbeitern bei Behörden und Einrichtungen wegfallen.

> *„Und die kennen mich auch nur, weil ich das so viele Jahre mache. Und die geben mir die Auskunft auch nur, weil die mich so lange kennen."*

> *„Zum Beispiel Wohnraumanpassung, die kennen mich aufgrund meiner ehrenamtlichen Tätigkeit auch schon länger als dieses Projekt ist. Und aufgrund dessen habe ich die Querverbindungen."*

> *„ Ja, aber da sitzen Leute von der Knappschaft oder von der AOK, im Infocenter zum Beispiel die Frau X, die ich immer anrufe mit Wohnraumanpassung."*

> *„… hatte ich angerufen bei der Stadt bei dieser Pfadstelle. […] dann habe ich gesagt, ja sicher, ich habe doch gerade mit der Pflegedienstleitung und der Heimleitung gesprochen. Das wussten die dann nicht. Dann habe ich wieder bei der AWO angerufen, …"*

> *„Aber mit den Leuten, die ich bei der Stadt anrufe wie Frau Y, ist das alles problemlos. Das ist wunderbar …"*

Das Gefühl „noch nützlich zu sein" ginge ihr ebenso verloren.

> *„Das ist schon etwas, dass man wenigstens irgendwo noch nützlich ist."*

Für C ist ihr Gesundheitszustand als entscheidend anzusehen für die Aufnahme des Engagements allerdings mit umgekehrten Vorzeichen zur sonst üblichen Annahme. Gerade eine Verschlechterung des Gesundheitszustandes bewirkte bei ihr die Aufnahme dieses Engagements. Das mit dem Projekt bereitgestellte Netzwerk an Unterstützung ermöglicht es ihr, sich weiterhin für andere einzusetzen und die für sie im Engagement wichtigen Kontakte zu Professionellen in Institutionen aufrecht zu erhalten. War es ihr im bisherigen Engagement-Verlauf durch eigene Aktivitäten, Kontaktaufnahme mit Behörden und Einrichtungen, einer gewissen persönlichen Präsenz und Informiertheit möglich, ein kompetenter Ansprechpartner für Hilfesuchende zu sein, erlaubt ihr ihre Gesundheit heute nicht mehr, das dafür erforderliche Maß an Elan und Zeit aufzubringen. Der Hilfesuchenden gegenüber gewonnene Status dessen, der in der Lage und willens ist weiterzuhelfen, drohte verloren zu gehen. Durch die Aufnahme des Engagements als „Seniorenvertrete-rin/Nachbarschaftsstifter" kann erstens ein Stand der Informiertheit aufrecht erhalten werden, der auch anderen gegenüber sichtbar und geltend gemacht werden kann, und zweitens ist es ihr weiterhin möglich aus diesem Status heraus, mit den für C wichtigen professionellen AnsprechpartnerInnen Kontakt aufzunehmen und mit ihnen zu interagieren.

Wenn der Gesundheitszustand den Dimensionen im Alter zugerechnet wird, die wesentlich und entscheidend mitbestimmen, welche Aktivitäten gewählt werden, ist bei den drei Personen dieser Untersuchung sozusagen wider Erwarten bürgerschaftliches Engagement zu finden. Engagement für andere, das Gemeinwohl, wird eher von jenen erwartet, die sich einer guten Gesundheit erfreuen. Auch hier ist zu vermuten, dass besondere Aspekte der Rahmenbedingungen sich als begünstigend erweisen (offene Plattform, die zwar vorstrukturiert ist, aber es ansonsten ermöglicht, sich nach eigenem Vermögen und eigenen Vorlieben zu engagieren). Zudem sorgt der Gewinn in Form eines Aufrechterhaltenkönnens der so wichtigen Kontakte oder des Knüpfens von neuen Beziehungen dafür, dass ein Engagement weiterhin attraktiv ist.

Soziales Kontaktnetz und Engagement. Anzunehmen ist, dass alle Personen nur über ein begrenztes familiales Beziehungsnetz verfügen, da diese Ebene der Beziehungen gekennzeichnet ist durch Brüche (Scheidung, kein Kontakt zu Kindern, wechselnde Arbeitsbeziehungen, Frühverrentung) oder Fehlen eines größeren familialen Personenkreises (Eltern schon lange verstorben, alleinerziehend ohne Partner lebend, keine eigene Kinder, Geschwister leben nicht mehr alle und nicht am gleichen Ort). Es wird jedoch von allen Personen beschrieben, dass Kontakte über ihr Engagement entstanden sind. Welcher Art die Kontakte sind und zu wem Kontakte gesucht werden, unterscheidet sich jedoch erheblich.

A und B berichten neben den Begegnungen mit Hilfesuchenden allgemein von Kontakten zu anderen Personen, die im Zusammenhang mit ihrem Engagement erfolgen.

> A: „Dass ich vor allen Dingen sehr viele Menschen kennen lerne. Vor allen Dingen die Seniorenvertreter selbst schon, und dann noch hier in der AWO und draußen, … also man lernt sehr viele Menschen kennen."

> B: „Meine Kollegen sagen mir, …"

„Dann gehe ich mal mit und die Oma kommt nach Hause und sagt: "Mensch, was die Stadt da gemacht hat mit diesen Nachbarschaftsstiftern, das ist doch wirklich gut."

Person C betont in den Schilderungen ihres Engagements die Kontakte zu Mitarbeitern bei Behörden und Einrichtungen und die zu Rat- und Hilfesuchenden, die sie sogar als ihre Familie bezeichnet. Zu erkennen ist, welche Bedeutung diese beiden Personengruppen für sie haben.

„… weil dann ist man im Gespräch und kann dann mal nachhaken."

„und hab teilweise die mit als Familie so ungefähr gesehen, wenn die dann allein waren."

„Dann habe ich mich auch mit gekümmert und habe mit der verschiedene Heime angeguckt, dass sie schnell einen Platz bekommt. Solche Sachen passieren dann auch. Dadurch dass ich da die meisten Kontakte habe und auch den meisten Radius dort habe, wäre das für mich schon am besten"

Die Bedeutung der Kontakte zu Mitarbeitern geht auch aus der Häufigkeit hervor, mit der sie von Kontakten dieser Art berichtet. Sowohl A und B nutzen das im Engagement bereitgestellte formelle Netzwerk dann, wenn sie in gewisser Weise mit ihren Kompetenzen an Grenzen stoßen. Anders geht Person C mit dem für das Engagement geschaffenen Kontaktnetzes zu Institutionen und Einrichtungen um. Für sie bietet das Hilfeersuchen jedes Ratsuchende eine Möglichkeit, diesen Kontakt aufzunehmen und eine Begegnungsmöglichkeit mit den für sie so bedeutsamen Menschen zu haben. Diese unterschiedliche Akzentuierung entspricht dem Handlungsmuster, welches in der Prioritätensetzung und dem Selbstverständnis der verschiedenen Personen zutage tritt.

Lebensverlauf und Engagement. Person A war es im Beruf gewohnt, Weisungen zu befolgen und klar umrissene Aufgaben zu erledigen. Ihr bürgerschaftliches Engagement als „Seniorenvertreterin/Nachbarschaftsstifter" führt sie auf ganz ähnliche Weise aus. Stößt sie dabei an die Grenzen ihrer Kompetenz, reicht sie Personen an solche Stellen weiter, deren Kompetenz und Macht weiter reicht als die ihre. Person C hat zwar einiges erstritten, aber auch Grenzen und Enttäuschungen erlebt und negative Erfahrungen gemacht. Das, was ihr ihrer Meinung nach zusteht, hat sie nicht immer bekommen. Das gilt für ihren beruflichen Werdegang und kennzeichnet auch ihre Erwartungen im Engagement. Auch wenn Person B Brüche in ihrer Berufsbiografie erlebt hat, hat sie ebenso erfahren, wie sie etwas schaffen und erreichen kann und geht von den drei „Seniorenvertreterinnen/

Nachbarschaftsstifter" des Stadtteils am stärksten davon aus, dass sie etwas erreichen und bewegen kann auch in ihrem Engagement. Dies entspricht der Position derjenigen Person, die den höchsten Ausbildungsstand hat. Dies kann einen Hinweis darauf geben, dass zwar grundsätzlich der Weg in ein bürgerschaftliches Engagement wie das der „Seniorenvertreterin/Nachbarschaftsstifter" offen steht, jedoch mit einem unterschiedlichen Maß an Selbstwirksamkeit im Engagement agiert wird. Dies steht im Zusammenhang mit den Statuserfahrungen der Berufsbiografie. Auch die geschilderten bisherigen Engagement-Erfahrungen weisen darauf hin. A erhält im bürgerschaftlichen Engagement Aufgaben, die sie übernimmt und ausführt. B gestaltet mit und gibt dem Engagement die eigene Prägung. C hat feste Vorstellungen darüber, wie etwas geschehen sollte, konnte diese jedoch beruflich wie im Engagement nicht durchgängig verwirklichen. So reibt sie sich an Gegebenheiten und Personen, auf deren Kooperation sie angewiesen ist.

C. „… da wurden nur die Schultern gezuckt egal ob von Frau […] und das stelle ich mir eigentlich auch nicht so vor als …"

Gewinn und Reziprozität und Engagement. Das eigene Selbstverständnis und die Setzung der Prioritäten beeinflussen in erheblichem Umfang kontierte Gewinne und erlebte Reziprozität im Engagement. In Abbildung 6 findet sich die Visualisierung der Häufigkeitsverteilung gefundener Subkodes zur Kategoriendimension „Selbstverständnis". Auch in der Art und Weise, wie die einzelnen Typen Werbung betreiben für ihr Engagement oder wie sie ihr Engagement ausüben, ist der unterschiedliche Nutzen und Gewinn für sie zu erkennen, werden typische Denkweisen und Handlungsmuster der befragten Personen deutlich. So betreiben alle „Seniorenvertreterin/Nachbarschaftsstifter" *Werbung*. Sie tun dies jedoch auf die für sie typische Weise. Person A betreibt eine defensive Werbestrategie. Sie macht die „Seniorenvertreterin/Nachbarschaftsstifter" bekannt, indem sie die ihr angebotenen Werbeaktionen nutzt und bei Veranstaltungen für Senioren präsent ist. Sie ist damit einerseits mit einer für sie überschaubaren Aufgabe betraut und gleichzeitig, da diese Aktionen in der Regel mit B gemeinsam ausgeführt werden, auch mit anderen Menschen zusammen. Sie wartet bei solchen Werbeaktionen eher darauf, angesprochen zu werden, um dann Auskunft zu geben. Die expansivste Werbeaktion war für sie bislang die flächendeckende Verteilung von Flyern in einigen Straßenzügen des Stadtteils.

Abbildung 6:   Visualisierung der Kategorie „Selbstverständnis"

Codesystem	A	B	C
Selbstverständnis			
Ideengeber		1	1
weiß nicht, noch nicht	2		
macht gerne mit	7		
nicht typisch alt		1	
will Abschluss sehen		1	
Planer, Organissator		5	
ergreift Initiative		7	6
hilft	2	3	
defensiv	4		
aktiv, liebt neues, Herausfordrungen		6	1
mitgestalten, sich beteiligen		2	
negatives Bild			8
arbeitssam			2
kennen, gekannt sein		1	11
weiß Bescheid, sich auskennen			9
enttäuscht			6
selbst erarbeitet, eigene Regie			9
selbst nur ...			7
Probleme damit wenn ...			1

Sie wirbt generell für die „Seniorenvertreterin/Nachbarschaftsstifter" in Gelsenkirchen und im Speziellen für die im eigenen Stadtteil tätigen.

> „ Wenn ich da am Stand stehe, dann kommen die Leute auch und fragen, was das ist. Und dann klären wir sie auch auf."

> „Es wäre schön, wenn man irgendetwas machen könnte damit man die Leute informiert bekommt."

Person B, von ihren Verhaltensmustern initiativer und offensiver als A, entwickelt über die angebotenen Werbemaßnahmen hinaus eigene Ideen für das Engagement als „Seniorenvertreterin/Nachbarschaftsstifter" und für ein Bekanntwerden dieses Angebotes. Gleichzeitig kommt sie ihrem Bedürfnis nach, etwas zum Guten hin zu bewegen und Menschen zusammenzubringen. In der Zusammenarbeit mit A übernimmt Person B die Vorreiterrolle.

> „Das wäre für mich eine schöne Sache, dass man einmal im Jahr ein schönes Ereignis macht. Einfach auch bekannter zu werden mit der Arbeit und dadurch auch Neugierde zu wecken."

> „Ja, wenn hier so diese zwei Publikationen wie sie hier vor 14 Tagen im Stadtspiegel und bei der WAZ waren, dann werden sie schon angesprochen. Aber auch so, man kennt mich. Ich bin jemand der sehr rege ist und ... virulent im Stadtteil."

Auch Person C wirbt offensiv und geht auf Menschen zu. Im Gegensatz zu A und B macht Person C jedoch ihr persönliches Angebot bekannt. Auch sie kommt damit gleichzeitig dem eigenen Bedürfnis nach, bekannt zu sein und Kontakte zu MitarbeiterInnen in Einrichtungen und Behörden zu pflegen.

„Ich hatte ja alles abgegrast."

„was ich noch mache, ich gehe in die Vereine"

„alles was ich da so kenne, Frauenhilfe, da habe ich mich dann vorgestellt, und, und, und"

„wenn ich beim Einkaufen jemanden sehe, der Hilfe braucht, dann gebe ich dem einen Flyer oder eine Visitenkarte und sage, der soll doch mal vorbeikommen oder anrufen"

„Ich hatte mich auf dem Gemeindefest im Sommer hingestellt, damit die mich kennen lernen. Ich habe den ganzen Tag dagestanden und meinen Flyer verteilt."

Alle dienen mit ihren Werbeaktionen einerseits dem Bekanntwerden des Angebotes und schöpfen gleichzeitig daraus auch einen persönlichen Gewinn. A ist beschäftigt und mit KollegInnen zusammen, bei C dienen sie dem eigenen Bekanntwerden.

In der *Ausübung des Engagements* verhält es sich ähnlich. Alle drei Personen haben sich für den gleichen Texteindruck in ihrem Flyer entschieden, insofern gibt es Gemeinsamkeiten in den Vorstellungen darüber, wie sie ihre Aufgaben ausfüllen möchten. In ihren gewählten Rollen gibt es jedoch erhebliche Unterschiede, ihren entsprechenden Handlungsmustern folgend.

Die Rahmenbedingungen des Engagements (klar umrissenes Aufgabenangebot, Rollen können selbst gewählt werden) erlauben A, sich seinen Vorlieben und Handlungsmustern entsprechend einzubringen. Gerade die Qualifizierungsmaßnahmen sorgen dafür, dass sie sich nicht überfordert fühlt bzw. AnsprechpartnerInnen hat, an die sie sich ggf. wenden kann. Das für sie entstandene Netzwerk informeller wie formeller Art gibt ihr die Sicherheit, auch eine Lösung für solche Situationen zu finden, in denen sie die Grenzen der eigenen Kompetenz erreicht sieht.

„Wir hatten mal einen Fall, die hat eine Bürgerinitiative gegründet, da war... auf dem Parkplatz von Aldi da hatten sie ein Tor zu gemacht. Da haben wir uns drum gekümmert und haben es auch geschafft das wieder aufgemacht wurde. Der XY hat sich mit dem Bauamt in Verbindung gesetzt. Die hatten erst gesagt: „Nein geht

*nicht!" Dann hat der XY mit denen gesprochen und dann haben die gesagt: „Ja,
Sie können aufmachen, aber nur für einen Weg, nicht für die Autos." Dann habe
ich bei Aldi angerufen und habe denen Bescheid gesagt, dass grünes Licht gegeben wurde für einen Weg, nur dass da Leute durchkommen zu fuß. Und dann war
zwei Tage später ganz auf. Da hat Aldi eingesehen, dass ..."*

Für die Beratung ausländischer MitbürgerInnen würde sie einen türkischer Enga-
gement-Kollege um Hilfe bitten.

*„Wir haben ja nun auch türkische Seniorenvertreter. Dann müsste man einen Ter-
min ausmachen, dass der hier hinkommt und die dann auch kommen."*

Person A geht im Engagement eher defensiv vor. Sie übernimmt dann, wenn
Menschen auf sie zukommen, die Rolle derjenigen, die berät, vermittelt und informiert.

*„Wer hier hinkommt und beraten werden will, da sehen wir ja was gemacht werden
kann. Und was man nicht kann, das reicht man eben weiter."*

*„Einen hatten wir noch, der wohnte im zweiten Stock und war Rollstuhlfahrer. Den
haben wir vermittelt nach der KISS. Der wurde dann jede Woche einmal abgeholt
zum Spazierengehen."*

*„Es wäre schön, wenn man irgendetwas machen könnte, damit man die Leute in-
formiert bekommt."*

Da für Person A der Auslöser für ihr Engagement die viele Zeit war, die ihr im Ruhestand zur Verfügung steht, hat sie durch ihr Engagement als „Seniorenvertrete-
rin/Nachbarschaftsstifter" diese sinnvoll gefüllt und konnte darüber hinaus neue
Kontakte knüpfen, was ihr wichtig ist.

Im Kontrast zum defensiven Vorgehen von A steht das Verhalten von Person B.
Sie möchte etwas bewegen, ist aktiv und übernimmt die Rolle des Vorreiters.

*„... Und ich behaupte mal, ich will mir da nicht selber irgendwelche Ehre anrech-
nen, aber ich behaupte mal, es lag daran, dass die ersten Zwei [zu denen sie
selbst gehörte] spontan gesagt haben, ich mache das."*

Sie begreift sich selbst als einen Menschen, der immer wieder die Initiative ergreift, aktiv ist, Ideen entwickelt, Verantwortung übernimmt und auf Menschen
zugeht. B findet im Engagement Bedingungen vor, die ihren Mustern und Vorlieben entsprechen. Einerseits werden zwar bestimmte Rollen für das Engagement
angeboten, andererseits gibt es viel Spielraum für die Art und Weise der Ausübung. Damit hat B den Gestaltungsspielraum, der für sie in allem Tun wichtig ist.

Im Gegensatz zu A übernimmt B leicht und schnell die Verantwortung für eine Gruppe oder Menschen.

> *Nee, das habe ich auch gesagt, das ist eine individuelle Sache. Der eine sagt: „Och, das habe ich ihm doch gesagt, wo er hingehen muss." Vielleicht, wenn man noch einen Schritt weitergehen würde und würde da anrufen und einen Termin ausmachen in deren Gegenwart, dass man sagen kann: „So, Frau Müller, übermorgen 9:00 Uhr mit frisch gewaschenem Oberkörper bei Herrn Tralala." Dann hast Du schon auch ein bisschen mehr erreicht als wenn du nur ... Ich komme mir da doof vor, wenn ich sage: „Da müssen Sie in das Gebäude X in Zimmer Y." Weil wenn ich Sprechstundenzeiten vergeben müsste, weil ich so viel Betrieb hätte und hätte nur pro Kunde eine Viertelstunde, dann würde ich wahrscheinlich auch meine Art ändern. Aber das ist ja nicht so und wenn dann mal einer kommt, dann kann ich dem auch helfen. Mensch, ob ich jetzt bis 11:00 Uhr schlafe oder bis sieben das ist doch egal. Dann gehe ich mal mit und die Oma kommt nachhause und sagt: "Mensch, was die Stadt da gemacht hat mit diesen Nachbarschaftsstiftern, das ist doch wirklich gut."*

Aus dieser Haltung heraus entwickelt sie eigene Ideen und initiiert Aktivitäten für ältere Menschen oder sie übernimmt die Rolle des Vorreiters oder Sprachrohres für andere Engagierte.

Ein Klima, in dem ihre Beteiligung erwünscht ist, in dem ihm Freiraum für eigene Ideen und Aktivitäten zugestanden und ermöglicht wird, ihr etwas zugetraut wird und in dem sie gefordert wird, kommt ihr sehr entgegen. Ein positives Feedback beflügelt sie.

> *„Vor 14 Tagen als das letzte Mal den Dienst gemacht habe, das war die Freude dieser Frau im Gesicht, weil ich gesagt habe, ich kümmere mich darum. Und die hat wirklich so eine Freude ausgestrahlt, da habe ich gedacht, B das war es wert. Und deswegen mache ich das auch muss ich sagen."*

Wichtig und motivierend sind für sie darüber hinaus die „aktiven Anderen".

> *„...die ging einfach rum und hat so Flipchart-Blätter auf den Boden gelegt und hat dazu aufgefordert, einfach mal in den Raum zu rufen, was wir so machen wollen. Da rief irgendjemand Fahrradfahren und die Nächste rief Wandern. Da hat sie immer nur so die Headline auf die Blätter geschrieben und fragte, wer eine Fahrradtour organisiert. Da sagte ich, „ich", weil, ich bin ja ein begnadeter Fahrradfahrer [...] Wer organisiert eine Wandertour? Ja, hier, das mache ich, sagte jemand und so ging das weiter. Da blieb kein Blatt ungeschont, sondern es war immer sofort*

Person B trifft auf die für sie so wichtigen „aktiven Anderen" auch bei den anderen Nachbarschaftsstiftern. Diese Begegnungsebene ist für sie wichtig, daher nutzt sie sie auch. Da sie Herausforderungen in gewisser Weise braucht, fühlt sie sich durch ihr Engagement nicht überfordert, sondern eher unterfordert. Es gibt bislang noch wenige Besucher während ihrer Präsenzzeiten, die ihre Hilfe abfragen. Solche Gelegenheiten nutzt sie dann auch, das Ihr-Mögliche zu tun.

> *„Meine Kollegen sagen mir, meine Güte was machst du, du gehst mit der Frau zum Amt. Dann sage ich, hör mal, wenn doch endlich mal jemand kommt, dann lass mich doch an dieser Person mal abreagieren. Ich bin doch froh, wenn ich mal das ganze Register ziehen kann (lacht) und sagen kann, der habe ich jetzt aber richtig geholfen."*

Eigeninitiative ist auch für C wichtig. Der Unterschied zwischen beiden besteht darin, dass für B die aktiven anderen Mitstreiter, mit denen sie, auch wenn sie sich als Vorreiter sieht, auf Augenhöhe ist, von besonderer Bedeutung sind. Mit ihnen tut sie sich zusammen, organisiert ggf. Aktionen und lädt zur Nachahmung ein. C geht dagegen eher im Alleingang vor, um etwas zu bewirken. Sich zusammen zu tun, um gemeinsam etwas zu erreichen, entspricht nicht ihrer Art des Vorgehens.

> *„…das habe ich über das WDR Fernsehen hingekriegt, dass da Behindertenparkplätze sind."*

Sie berichtet von Kontakten, die sie im institutionellen Rahmen (zu MitarbeiterInnen von Behörden, Vereinen und Einrichtungen) hat. Ihre als „Seniorenvertreterin/Nachbarschaftsstifter" gewählte Rolle ist vornehmlich die des Mittlers zwischen Organisationen, Behörden und Einrichtungen und Rat- und Hilfesuchenden.

> *„ist für mich eben dieser Nachbarschaftsstifter nicht so wichtig, sondern eben Schwerpunkt Seniorenvertreter"*

So berichtet sie von mehreren Situationen, in denen sie telefonisch oder persönlich bei Behörden vorstellig geworden ist, um für Hilfebedürftige etwas zu erwirken.

> *„Und dann habe ich gesagt, ja sicher, ich habe doch gerade mit der Pflegedienstleitung und der Heimleitung gesprochen."*

> *„… da habe ich die Betreuungsstelle angerufen."*

> *„…mit den Leuten, die ich bei der Stadt anrufe wie Frau …"*

Ihr Muster des „kennen und gekannt sein" tritt auch darin hervor, dass sie selbst Personen anspricht, die ihrer Auffassung nach Hilfe benötigen.

Für C war auslösendes Moment sich als „Seniorenvertreterin/Nachbarschaftsstifter" zur Verfügung zu stellen, dass ihre Möglichkeiten schwanden. Da sie die für sie wichtigen Kontakte im Rahmen ihrer Engagement-Tätigkeit mit einer nur geringen Nachfrage nur bedingt decken kann, ist für sie die Bilanz am wenigsten ausgeglichen. Dennoch dient das Engagement auch ihr zur Bewältigung ihrer eigenen Situation.

A profitiert aus dem bürgerschaftlichen Engagement auch insofern, als sie sich für ihr eigenes Alter gut informiert weiß.

> *„Ja, das ist doch besser wenn ich hinterher genau Bescheid weiß, ne. Da gibt es keine Schwierigkeiten."*

Rahmenbedingungen des Engagements. Die Bewertung der Rahmenbedingungen fallen unterschiedlich aus, von ausgesprochen gut bis nicht nennenswert. So lassen die Rahmenbedingungen des Engagements für A keine Wünsche mehr offen.

> *„Was soll man da denn noch verbessern? Nach meiner Meinung nicht, nö, ich wüsste es nicht. Ich könnte da nichts sagen."*

B findet, dass ein „mehr" nicht angemessen wäre und sieht es für die Entwicklung des Einzelnen als wichtig an, sich nach eigenen Möglichkeiten zu beteiligen.

> *„Wissen Sie, die sollen ja auch nicht alles auf dem Silbertablett kredenzt bekommen. Die sollen ja auch selber den Hintern bewegen. Ich denke immer dass, wenn ich etwas investiert habe, Zeit oder Geld oder Mühe [...] Aber der hat nichts dafür getan, der hat es geschenkt bekommen. Aber wenn man irgendwie, dass Laptop ist ein schlechtes Beispiel, oder beispielsweise diesen Pavillon, wenn man den gemeinsam mit 7 oder 8 Leuten gebaut hat. Da sind sie doch stolz wie Oskar. „Dürfen wir Dich mal in unseren Pavillon einladen? Den haben wir selber gebaut." „Was, ehrlich, diese dicken Schrauben da und so?" Das denke ich schon. Nee, ich muss ganz ehrlich sagen, dass ich das toll finde was ..."*

C beschreibt weniger die Vorzüge der zur Verfügung gestellten Rahmenbedingungen als die von ihr selbst in Eigenregie erarbeiten Kenntnisse. Die in der Qualifizierung erhaltenen Informationen hält sie für unzureichend. Für sie stehen die selbst erarbeiteten Kenntnisse im Vordergrund.

Grenzen, die ihr andere setzen, und gehegte Erwartungen an diese, die nicht erfüllt wurden, sind als unangenehme und negative Erfahrungen abgelegt. Sie bedarf der Bedürftigen, um ihre eigene Position zu sichern. Helfen gibt ihr Lebenssinn und Daseinsberechtigung. Wo ihre eigene Selbstbestimmung an die Grenzen anderer stößt, liegt ein gewisses Konfliktpotential, bisweilen werden andere dann abgewertet.

Altersbilder. Bei allen drei Typen sind negative Altersbilder vorhanden. Sie verbinden mit Alter insbesondere hohem Alter ein nicht mehr Können, Verlangsamung, Hilfebedürftigkeit und plötzlich auftretende oder stetig zunehmende Morbidität. Insbesondere bei Person C, die gerade hilfebedürftige älteren Personen und Menschen mit Behinderungen zu ihrer Zielgruppe erklärt hat, ist diese Art der Wahrnehmung des nicht mehr oder gar nicht mehr Könnens festzustellen wie aus der Visualisierung der Häufigkeiten von gebildeten Subkodes zur Kategoriendimension „Altersbilder" (Abb. 7) zu ersehen ist. Der eigene Gesundheitszustand wird offensichtlich zum Filter der Wahrnehmung. B nimmt als einzige Person eine Einteilung in ein „junges" noch fittes, aktives und ein „altes" Alter vor, das von Verlusten gekennzeichnetes ist. B selbst rechnet sich zur erstgenannten Gruppe dazu.

Abbildung 7:   Visualisierung der Kategorie „Altersbilder"

Codesystem	A	B	C
Altersbilder			
schämen sich			•
nicht nur Alte, zu viel für		•	•
unbeweglich, immobil		•	•
defizitär	•	•	●
fragile Gesundheit	•		

5.4.3 Zusammenführung der Ergebnisse

Mit dem Projekt „Seniorenvertreterinnen/Nachbarschaftsstifter" in Gelsenkirchen wird der Heterogenität des Alters Rechnung getragen und bürgerschaftliches Engagement älterer Menschen mit unterschiedlichen Potentialen und Ressourcen gefördert.

Die Frage wie die untersuchte Personengruppe ihre Lebenslage hinsichtlich der Zeit und zentraler Lebenslagedimensionen beschreibt (Forschungsfrage 1a) kann folgendermaßen zusammengefasst werden. Das Engagement bietet zum Teil feste, zum Teil flexible Zeitgestaltung. Die zweistündige wöchentliche Präsenzzeit ist neben der Qualifizierungswoche die einzige feste Größe, alles andere obliegt der Freiwilligkeit und der freien Gestaltung. Alle engagierten Personen konnten sich darauf einlassen. Den darüber hinausgehenden Freiraum nutzen sie auf ihre typische Weise. Über die verpflichtenden Zeiten hinaus wird dann weitere Zeit investiert z.B. für Weiterbildung und Werbung, wenn für die Engagierten Reziprozität gegeben und ein persönlicher Gewinn zu verzeichnen ist. Sie folgen in der Zeitverwendung ihren Prioritäten und ihren Handlungsmustern.

Problematische oder verunmöglichende Auswirklungen ihrer eigenen Einkommenssituation auf das Engagement beschreiben sie nicht. Die für sie im Engagement bereitgehaltenen materiellen Rahmenbedingungen ermöglichen ihnen ihren Einsatz.

Die begleitenden Bildungsangebote obliegen bis auf die Anfangswoche der Freiwilligkeit. Sie werden daher sehr unterschiedlich abgefragt und genutzt, von selten oder gar nicht bis immer dabei. Ob die als „Seniorenvertreterinnen/Nachbarschaftsstifter" Engagierten Bildungsangebote nutzen, hängt nicht allein von ihrem Bildungsstand ab, wie anzunehmen wäre, sondern steht im Zusammenhang mit der Typik der jeweiligen Personen. So nutzen gerade die beiden „Seniorenvertreterinnen/Nachbarschaftsstifter", die einen ähnlichen und eher als niedrig zu bezeichnenden Bildungsstand aufweisen, das Angebot zur Reflexion, zum Erfahrungsaustausch und zur Weiterbildung sehr unterschiedlich. Ist die eine Person immer dabei, ist die andere Person hier kaum zu finden.

Die Gesundheit spielt eine Rolle für das Engagement wenn auch in unterschiedlicher Weise. Sind Vorteile und Gewinne mit den Mühen und Anstrengungen des Engagements in einem ausgewogenen Verhältnis, muss ein eingeschränkter Gesundheitszustand kein Ausschlusskriterium für Engagement sein. Die subjektive Bewertung der eigenen Lage und Möglichkeiten und insbesondere der sinngebende Aspekt des Engagements entscheiden mit darüber, ob ein Engagement stattfindet oder nicht.

Das soziale Netzwerk wird durch das Engagement vergrößert. Es sind für alle Personen soziale Kontakte entstanden durch ihr Engagement, jedoch zu unterschiedlichen Personengruppen. Gerade die Vernetzung innerhalb des Seniorennetzes Gelsenkirchen und der Akteure verschiedener Gruppen untereinander sorgt für eine große Vielfalt an Kontaktmöglichkeiten, sodass Menschen mit unterschiedlichen Prioritäten und Vorlieben, die für sie wichtigen Ansprechpartner finden.

Über diese gleichsam das Leben rahmenden und prägenden Aspekte hinaus werden, wie die Untersuchung zeigt, auch ganz unterschiedliche Persönlichkeiten mit ihren je eigenen Handlungsmustern durch diese Form des Engagements angesprochen. Die Frage der speziellen Typik (Forschungsfrage 1b) im Engagement der einzelnen Personen findet so eine Antwort (siehe Tabelle 3, S.84) und weist auf die Bedeutung dieser für die Aufnahme und Ausübung eines Engagements hin.

Ebenso werden Hinweise auf wichtige Aspekte des bisherigen Lebenslaufs deutlich (Forschungsfrage 1c). Anstelle vorgefertigter Rollen für bürgerschaftliches Engagement treten Ermöglichungs- und Ermächtigungsprozesse. Rollen werden partizipativ entwickelt, wodurch den Engagierten ein Entdecken und Einbringen der eigenen Ressourcen und Potentiale möglich ist. Dies wiederum trägt zur Selbstvergewisserung bei und ermöglicht dem Einzelnen einerseits den im Lebenslauf erworbenen Handlungsmustern weiter zu folgen und Kontinuität zu erleben und bietet andererseits auch die Chance, diese Muster zu modifizieren und einer veränderten Situation anzupassen.

Lebensverlauf und Handlungsmuster bedingen sich. Erwartungen und erhoffter Nutzen entsprechen der jeweiligen Typik. In der Bewältigung von Krisen und Übergänge hatte Engagement entweder über den gesamten Lebensverlauf einen Platz oder wurde erst in einer Phase gewählt, die als besonderer Umbruch erlebt wurde (Verrentung plus Umzug in eine andere Stadt). Als „Seniorenvertreterin/ Nachbarschaftsstifter" sind sowohl Menschen mit langjähriger Engagement-Erfahrungen zu finden wie auch Personen, die erst in der Ruhestandsphase bürgerschaftliches Engagement aufgenommen haben. Entscheidend ist, ob Motiv und Möglichkeit bei den einen wie bei den anderen zusammenpassen.

Die Frage nach dem Gewinn, der dem Einzelnen aus dem Engagement erwächst (Forschungsfrage 2) kann wie folgt beschrieben werden. Eigennutz thematisieren alle Personen mehr oder weniger offen. Für alle entsteht ein Gewinn durch ihr Engagement: Kontakte mit für sie wichtigen Personen oder Personengruppen, eigene Lebensbewältigung und Lebenssinn, wie einen Platz in der Gesellschaft zu haben. Was als Gewinn angesehen wird und wie demzufolge die Bilanzierung von Einsatz und Gewinn ausfällt, hängt maßgeblich mit den eigen gesetzten Prioritäten und Werten zusammen, die in den unterschiedlichen Handlungsmustern sichtbar werden. Ist die Reziprozität nicht oder nicht mehr gegeben und verschiebt sich das Verhältnis von Einsatz und Gewinn zu Ungunsten des Gewinns, wird die Sinnhaftigkeit des Engagements in Frage gestellt und das Engagement durchaus zur Disposition gestellt.

Für die Fragestellung wie weiterer sozialer Ungleichheit im Alter durch bürgerschaftliches Engagement entgegen gewirkt werden kann, erweisen sich die Rahmenbedingungen des Engagements als aufschlussreich. Um Engagement nicht nur privilegierter Gruppen Älterer zu fördern, bedarf es, so die Annahme (siehe Kap. 4), der Schaffung von Ermöglichungs- und Ermächtigungsstrukturen (Begegnung, Freiraum, Mitgestaltung, Weiterbildung, Ausstattung, professionelle Begleitung, Anerkennungskultur; flächendeckend, systematisch, nachhaltig) für sehr unterschiedliche Gruppen älterer Menschen. In Gelsenkirchen ist mit dem Projekt „Seniorenvertreterinnen/Nachbarschaftsstifter" wie die Untersuchung zeigt eine solche Engagement-Möglichkeit geschaffen worden. Sie erlaubt es älteren Menschen, sich relativ unabhängig von finanzieller und gesundheitlicher Lage und Bildungsstand, in ihrem Stadtteil zu engagierten und einzubringen. Die Erwartbarkeit eines Engagements ist bei näherer Betrachtung der Ressourcen der einzelnen Engagierten nicht hoch, dennoch gehören sie zu den Aktiven. Die Rahmenbedingungen werden insgesamt mehrheitlich als gut bis sehr gut angesehen. Die Bewertung der Rahmenbedingungen ist jedoch nicht unabhängig von der eigenen Prioritätenliste. Was sie als positiv und begünstigend ansehen, folgt dem eigenen Kriterienkatalog und Muster. Dies trifft auch für die jeweilig verinnerlichten Altersbilder zu. Alle Personen nehmen eine mehr oder minder eher als defizitär zu beschreibende Sicht auf die Lebensphase Alter/Hochaltrigkeit ein. Es kann festgestellt werden, dass eigene gesundheitliche Beeinträchtigungen und Immobilität mit einem entsprechenden Altersbild einhergehen. Welche Rückschlüsse können aus den Ergebnissen nun gezogen werden und welche Anhaltspunkte für ähnliche Quartiere sind ihnen zu entnehmen?

6 Diskussion der Ergebnisse

Die Untersuchung gibt erste Hinweise darauf, welche Aspekte es bei der Förderung bürgerschaftlichen Engagements zu berücksichtigen gilt, um auch Menschen, die von sich nicht behaupten werden, gut ausgebildet und ausgestattet zu sein, zu beteiligen. Der Stadtteil, in dem sich die Engagierten betätigen, kann was die soziodemografischen Daten anbelangt als „ruhrgebietstypisch" angesehen werden. Insofern können die Hinweise auch für vergleichbare Quartiere anderer Kommunen dienlich sein.

Die näher in Augenschein genommenen Lebenslagendimensionen (Einkommens- und Vermögensspielraum, Gesundheitszustand und Bildungsstand) der hier betrachteten Personen machen, den theoretischen Überlegungen folgend, ein Engagement dieser Personen nicht wahrscheinlich. Dass sich alle trotz ihrer eingeschränkten Spielräume dennoch engagieren, liegt zum einen an den günstigen Rahmenbedingungen, und/oder daran, dass sie persönlich einen Gewinn aus ihrem Engagement ziehen. Zudem ist der Ort des Engagements der Nahraum, der eigene Stadtteil, sodass selbst in ihrer Mobilität eingeschränkte ältere Menschen tätig sein können. Diesem Umstand trägt ebenso das vom Umfang her und inhaltlich mitbestimmte Aufgabenspektrum Rechnung. Es ist zu vermuten, dass der materielle Spielraum aller drei Personen ein Engagement, welches zusätzliche finanzielle Kosten verursacht, nicht zuließe. Ein Engagement als „Seniorenvertreterinnen/Nachbarschaftsstifter" wird auch von Bürgerinnen und Bürgern ausgeübt, die von Armut betroffen oder bedroht sind, mit Krankheiten zu kämpfen haben, deren Erwerbsbiografien Brüche aufweisen und die mit keinem hohen Bildungsstand aufwarten. So können sie durchaus der eher benachteiligten Bevölkerungsgruppe zugerechnet werden. Sie nehmen durch ihr Engagement an der Gesellschaft teil und tragen zum Gemeinwohl bei.

Die vorgefundenen Rahmenbedingungen stellen eine Ermöglichungsstruktur für Engagierte dar, auch wenn diese von ihnen in unterschiedlichem Ausmaß und auf unterschiedliche Weise genutzt wird. Insofern wird dem Gedanken der Freiwilligkeit Rechnung getragen und bürgerschaftliches Engagement bleibt in verschiedenerlei Hinsicht selbstgewählt.

Bei näherer Betrachtung der Beweggründe für ein Engagement wurden neben dem ausdrücklichen Wunsch, sich für andere einzusetzen, auch persönliche Gewinne erhofft. Zum einen bestätigt dies die Tendenz im Engagement, dass altruistische Motive von selbstdienlichen abgelöst werden (von ihrem kalendarischen Alter her gehören die Befragten eher zu den neuen Kohorten Älterer). Zum anderen werden Gewinne auch sehr individuell bestimmt und gesucht, sodass nur eine Engagement-Struktur, die viel Freiraum bietet bei der Ausübung des Engagements, es ermöglicht, diesem individuellen Nutzen nachzukommen. Denn Prioritätensetzungen und persönliche Vorstellungen können sehr divergieren.

Dass der materielle Spielraum, der von allen als gering beschrieben wird, nicht zum Ausschlusskriterium für ein bürgerschaftliches Engagement wird, steht in engem Zusammenhang mit den in Gelsenkirchen für die „Seniorenvertreterinnen/Nachbarschaftsstifter" geschaffenen Ausstattungsmerkmalen des Engagements. Den Engagierten entstehen weder durch Werbung noch durch die Ausübung des Engagements zusätzliche Kosten. In geringem Umfang kann sogar von einem geldwerten Vorteil gesprochen werden, da ihnen für die Ausübung des Engagements ein ÖPNV-Ticket (wahlweise Aufwandsentschädigungen), PC-Ausrüstung am Standort und ein Mobiltelefon kostenlos zur Verfügung gestellt werden. Ein bürgerschaftliches Engagement wird dadurch älteren Bürgerinnen und Bürgern unabhängig von ihrem materiellen Spielraum möglich gemacht. Damit erweisen sich Rahmenbedingungen, die Ressourcen materieller Art bereitstellen für die Ausübung der Tätigkeit, als Gleichheit fördernder Faktor. Ohne diese Bedingungen wäre allen im Stadtteil Tätigen ihr Engagement vermutlich nicht möglich.

Bürgerschaftliches Engagement in der hier vorgefundenen Form bietet auch sozial Benachteiligten eine Plattform der Teilhabe. Es ist zwar unter den befragten „Seniorenvertreterinnen/Nachbarschaftsstifter" im besagten Stadtteil keine Person mit Zuwanderungsgeschichte zu finden, es kann jedoch davon ausgegangen werden, dass die vorgefundenen Rahmenbedingungen auch für diese Gruppe Älterer ein Engagement wahrscheinlicher und attraktiver machen. Dass von den mittlerweile neunundsiebzig „Seniorenvertreterinnen/Nachbarschaftsstifter" im gesamten Stadtgebiet dreiundzwanzig ältere BürgerInnen einen Migrationshintergrund aufweisen, bestätigt diese Annahme.

Für alle stellt das Engagement eine Begegnungsplattform dar, um mit „signifikanten Anderen" zusammen zu kommen. Zwar sind je nach Typus der Engagierten hier unterschiedliche Personengruppen im Visier, dennoch bietet die spezielle Engagement-Struktur Begegnungsmöglichkeiten für Menschen, die nach recht verschiedenen Handlungsmustern agieren. Der eine möchte das kontinuierliche Beziehungsnetzwerk, der andere zieht ein loses Kontaktnetz vor. Dabei trägt ein klar umrissenes Aufgabenangebot, das gleichzeitig Freiheit lässt in der spezifischen Rollenwahl und Raum gibt zu Mitgestaltung und persönlicher Entwicklung, dem Umstand Rechnung, dass Menschen, die sich bürgerschaftlich engagieren möchten, sehr unterschiedliche Persönlichkeiten und Handlungsmuster im Laufe ihres Lebens herausgebildet haben.

Kontinuierliche Weiterbildungsangebote, die Gelegenheiten zur Reflexion, Selbstvergewisserung und zum Kompetenzerwerb bieten und deren Themen und Inhalte partizipativ entwickelt werden, ermöglichen eine an die eigene Biographie angepasste Weiterentwicklung und stärken die Selbstwirksamkeit. Gleichzeitig kommt die Weiterbildung dem bürgerschaftlichen Engagement, d.h. den älteren BürgerInnen im Stadtteil zugute, da diese in den „Seniorenvertreterinnen/Nachbarschaftsstiftern" auf Begleiter und Helfer stoßen, die gut informiert sind, kompetente Berater sein können oder als Kristallisationspunkt dienen.

Deutlich wurde in der Untersuchung jedoch, dass Weiterbildung immer ein Angebot ist, dass nur freiwillig und in Anspruch genommen seine Wirkung entfaltet. Eine bloße Bereitstellung einer Beteiligungsplattform löst noch keine Beteiligung aller aus und Bildungschancen müssen ergriffen werden, auch im Alter. Entsprechende Rahmenbedingungen stellen eine Brücke dar, dass sich auch Menschen engagieren können, die mit Beeinträchtigungen in unterschiedlichen Bereichen leben müssen oder einen eher niedrigen Bildungsstand aufweisen. Insofern sind solche Rahmenbedingungen auch im Sinne einer Gleichheitsförderung unverzichtbar. Die partizipative Herangehensweise und Haltung (Anknüpfen an Bedürfnissen, Mitbestimmung und -gestaltung der Themen, Teilnehmer als Experten ihrer Lage) bei der Entwicklung der Weiterbildungsangebote und -möglichkeiten folgt einer Lebensweltorientierung. Gleichzeitig handelt es sich um professionell begleitete Lernsituationen, sodass auch Irritation und Kontrast zum Gewohnten bewältigt werden kann. Prozesse der Ermöglichung und Ermächtigung werden unterstützt. „Lebenslanges Lernen hat auch an den Informationsdefiziten bildungsferner Milieus anzusetzen." (Kolland 2008: 215)

Grenzen der Potentialentwicklung liegen jedoch auch immer im Individuum selbst. Ermächtigungsprozesse finden nicht von außen statt, der Einzelne muss sich darauf einlassen und die Bereitschaft für Neues mitbringen. Um Inklusionschancen zu nutzen und Exklusionsgefahren zu begegnen werden soziale Kompetenzen benötigt, die auch im Alter noch angeeignet, reflektiert und entfaltet werden können. Lernbereitschaft und lernförderliche Umgebung bedingen einander (Köster 2010: 323) Interessant ist in diesem Zusammenhang, dass unter den befragten „Seniorenvertreterinnen/Nachbarschaftsstiftern" solche zu finden sind, die die gebotenen Chancen ergreifen und solche, die an ihnen vorbeigehen. Nicht der Bildungsstand scheint hierfür allein entscheidend zu sein, sondern ebenso die spezifischen Handlungsmuster der Personen.

Auch wenn sich der Gesundheitszustand und die damit verbundene Zeit, die überhaupt frei zur Verfügung bleibt, auf die Inanspruchnahme weiterer Angebote und Möglichkeiten im Rahmen des Engagements auswirken, sind auch hier biografische Prägungen und die Typik der Personen ebenso ausschlaggebend. Ähnlich verhält es sich mit der Verwendung des eigenen Zeitkontingentes. Es mag unterschiedlich groß sein, wird jedoch insgesamt so verwendet, wie es der jeweiligen Typik entspricht. Gerade ein Angebotscharakter und Mitgestaltungsfreiraum der Engagement-Struktur kommt Menschen mit unterschiedlichen Präferenzen und Handlungsmustern entgegen wie auch professionelle Begleitung eine individuelle Förderung begünstigt.

Die Verortung der „Seniorenvertreterinnen/Nachbarschaftsstifter" im Seniorennetz Gelsenkirchen bietet, neben den Chancen und Möglichkeiten wie bereitgehaltene Unterstützung durch hauptamtliche Mitarbeiter, materielle Ausstattung, Weiterbildung, darüber hinaus eine öffentlich sichtbare Position im Gefüge der Seniorenarbeit in Gelsenkirchen. Auch dies kann je nach Typik als persönlicher Gewinn verbucht werden und entspricht dem Gedanken einer Anerkennungskultur.

Dass einzelne Projekte wie das der „Seniorenvertreterinnen/Nachbarschaftsstifter" Ausfluss und Teil eines Gesamtkonzeptes sind, dass nur durch Kooperation und Vernetzung verschiedener Akteure möglich ist, eröffnet neue Spielräume und Chancen für den Einzelnen wie für die Gesamtheit eines Quartiers oder der Stadtgemeinschaft und ist zu den förderliche Rahmenbedingungen zu zählen. Eigens für die Beratung älterer Menschen und zur Begleitung, Ermöglichung und Förderung ihrer Selbstorganisation geschaffene Stellen sind einerseits durch Kooperation und Vernetzung leichter finanzierbar und zeugen andererseits auch davon, dass diese Aufgabe mit einer hohen Priorität belegt wird. (Die Kommune hat im Gefüge der verschiedenen Akteure die Steuerungsverantwortung übernommen.) Auch wenn die Investition sicher nicht ohne Erwartungen geschieht, kann doch davon ausgegangen werden, dass dies davon zeugt, dass die demografische Entwicklung als Gestaltungsaufgabe angenommen wird.

Das gleichzeitige Engagement zweier Personen als „Seniorenvertreterinnen/Nachbarschaftsstifter" und in der ZWAR-Gruppe bestätigt die Bedeutung eines Gesamtkonzeptes Seniorenarbeit, dass von unterschiedlichen Säulen getragen wird.

Positive Auswirkungen sind eine Vernetzung verschiedener Aktivitäts-Möglichkeiten und der in unterschiedlichen Gruppen Engagierten untereinander.

Die so geschaffenen Begegnungsmöglichkeiten in Gruppengrößen zwischen Kleingruppe (bis ca. 12 Personen, relativ hohe Intimität) und Megagruppe (Stadtteil, relative hohe Anonymität) bewähren sich als Begegnungsplattform (Gruppe mittlerer Größe, ca. 20 bis 100 Personen) für den Einzelnen. Auf solch einer Plattform, sofern sie sich denn als Ermöglichungsplattform versteht, lassen sich Gleichgesinnte finden, können Kontakte zwischen professionelle Mitarbeitern und Engagierten geknüpft werden, kann Interesse an Engagement bekundet werden, ohne sich gleich verbindlich festlegen zu müssen, kann in Aufgaben hineingeschnuppert werden und auch etwas ausprobiert werden. Weitere Interessierte können einfach dazukommen, Beratungsmöglichkeiten angebahnt werden, ohne sogleich in einer Eins-zu-Eins-Beratungssituation zu münden, wie auch persönliche Ansprache und Ermutigung zum Engagement hier erfolgen kann. Immerhin zwei der drei befragten Personen berichten davon, wie sie durch die persönliche Ansprache und Einladung von professionellen Kräften in solch einer Gruppe mittlerer Größe sich zur Aufnahme des Engagements entschieden haben.

Eine Ausübung des Engagements, das Partizipation älterer Menschen im Stadtteil fördert, bedingt eine entsprechende Haltung der professionellen Mitarbeiter, die sich u.a. in einer Begegnung auf Augenhöhe und einer Lebensweltbezogenheit (z.B. Sprache und Wortwahl) ihren Ausdruck findet. Ein ungebrochener Zuwachs an Engagierten und die geringe Aussteigerquote (bislang sechs Personen, keine aus Unzufriedenheit) der „Seniorenvertreterinnen/Nachbarschaftsstifter" im gesamten Stadtgebiet (Reckert 2012: 18) spricht für sich. Ältere Menschen, die die Erfahrung gemacht haben, sich beteiligen und mitgestalten zu können, begünstigen Partizipation anderer älterer Menschen im Stadtteil auch wenn Personen unterschiedlicher Typik von einer solchen Haltung und entsprechenden Handlungsmustern verschieden weit entfernt sind bzw. solche unterschiedlich stark aufweisen. Förderlich wirkt sich hier aus, dass das bürgerschaftliche Engagement der „Seniorenvertreterinnen/Nachbarschaftsstifter" durch ein reflexives Lernangebot begleitet wird und Partizipation sowohl im Masterplan Seniorenarbeit Gelsenkirchen wie auch im Handbuch „Seniorenvertreterinnen/Nachbarschaftsstifter" als Leitidee Einzug gehalten hat, ausdrücklich gewünscht und beabsichtigt ist und in der konkreten Arbeit zum Tragen kommt. Es wäre im weiteren Fortgang des Projektes zu überprüfen, inwieweit die einzelnen Engagierten sich diese Haltung weiter zu Eigen machen.

Resümee

Im komplexen Zusammenwirken von objektiven Lebenslagendimensionen und deren subjektiven Bewertungen stellen Rahmenbedingungen und Ausstattung des Engagements eine Brücke für benachteiligte Gruppen älterer Menschen dar. Dass alle drei „Seniorenvertreterinnen/Nachbarschaftsstifter" im konkreten Stadtteil zu dieser Gruppe gerechnet werden können war nach Sichtung des theoretischen Materials äußerst unwahrscheinlich.

Besonders im Bereich der das Engagement begleitenden Bildungsangebote ist festzustellen, dass ein bereitgestellter Rahmen nicht zwangsläufig abgerufen und in Anspruch genommen werden muss. Bereitgehaltene Ressourcen können, müssen jedoch nicht zur persönlichen Entwicklung genutzt werden. Mit Ermöglichungsstrukturen ist kein Automatismus verbunden. Die freien und mündigen älteren Bürgerinnen und Bürger bestimmen, ob und wie sie sich engagieren und welche Chancen sie darin ergreifen und entwickeln. Ermöglichungsstrukturen müssen in Anspruch genommen werden, um ihre Wirkung zu entfalten und zwar aus freien Stücken und selbstgewählt. Selbstbestimmt zu leben kann heißen, ein Mitmachen und Mitgestalten zu wählen und auch sich für ein Fernbleiben von solchen Prozessen zu entscheiden. Bei allen Überlegungen zu geeigneten Förderbedingungen für ein bürgerschaftliches Engagement ist dies zu berücksichtigen. Insgesamt spielen früh erworbene Handlungsmuster, die sich im Laufe des Lebens verfestigt oder weiter ausgeprägt haben, eine große Rolle auch in der Ausübung des bürgerschaftlichen Engagements. Entsprechende Rahmenbedingungen sorgen dafür, dass der Weg einer größeren Gruppe offen steht. Begleitende Bildungsangebote machen nicht Bildungsbeteiligung und in der Erwerbsbiografie erworbene Kompetenzen zur Eintrittskarte für ein bürgerschaftliches Engagement. Ohne sich jedoch auch im Alter auf Neues einzulassen, können Chancen und Möglichkeiten nicht genutzt oder gesucht werden. Ermöglichungsstrukturen und Ermächtigungsprozesse müssen Hand in Hand gehen.

Bürgerschaftliches Engagement ist in vielfacher Hinsicht ein Gewinn für ältere BürgerInnen, von dem niemand ausgeschlossen werden darf. Es bedarf des Freiraums, der Begleitung, des entsprechenden Rahmens im Engagement und es braucht auch des Mutes der Engagierten selbst, sich auf Neues einzulassen, damit Partizipation gelingt und der Vielfalt des Alters Rechnung getragen wird.

Literatur

Amann, Anton (2000): Sozialpolitik und Lebensalgen älterer Menschen. In: Backes/Clemens (Hrsg.): Lebenslagen im Alter. Gesellschaftliche Bedingungen und Grenzen. Opladen: Leske und Buderich, S. 53-74.

Amann, Anton; Ehgartner, Günter; Felder, David (2010): Sozialprodukt des Alters. Über Produktivitätswahn, Alter und Lebensqualität. Wien, Köln, Weimar: Böhlau Verlag.

Aner, Kirsten (2008): Bürgerengagement Älterer aus sozialpolitischer und biografischer Sicht. In: Aner, Kirsten; Karl, Ute (Hrsg.): Lebensalter und Soziale Arbeit. Band 6. Ältere und alte Menschen. Hohengehren: Schneider Verlag, S. 203-216.

Aner, Kirsten; Karl, Fred; Rosenmayr, Leopold (2007): Die neuen Alten – Retter des Sozialen? Anlass und Wandel gesellschaftlicher und gerontologischer Diskurse. In: Aner, Kirsten; Karl, Fred; Rosenmayr, Leopold (Hrsg.): Die neuen Alten – Retter des Sozialen?. Wiesbaden: VS Verlag, S. 13-35.

Auth, Diana (2009): Die „neuen Alten" im Visier des aktivierenden Wohlfahrtsstaates. In: Dyk van, Silke, Lessenich (Hrsg.): Die jungen Alten. Frankfurt, New York: Campus Verlag, S. 296-315.

Backes Gertrud M. (2007): Geschlechter – Lebenslagen – Altern. In Pasero, Ursula; Backes; Gertrud M.; Schroeter, Klaus R. (Hrsg.): Alter in Gesellschaft. Ageing - Diversity – Inclusion. Wiesbaden: VS Verlag, S. 151-183.

Backes, Gertrud M. (2005): Arbeit nach der Arbeit. In: Clemens, Wolfgang; Höpflinger, François; Winkler, Ruedi (Hrsg.) Arbeit in späteren Lebensphasen. Sackgassen, Perspektiven, Visionen. Bern: Haupt Verlag, S. 154-184.

Backes, Gertrud M.; Amrhein, Ludwig (2008): Potentiale und Ressourcen des Alters(n)s. In: Clemens, Wolfgang; Schroeter, Klaus R. (Hrsg.): Soziale Ungleichheiten und kulturelle Unterschiede in Lebenslauf und Alter. Wiesbaden: VS Verlag, S. 71-84.

Backes, Gertrud; Clemens, Wolfgang (2008): Lebensphase Alter. Eine Einfüh-rung in sozialwissenschaftliche Alternsforschung. 3., überarbeitete Auflage. Weinheim und München: Juventa Verlag.

Backes, Gertrud; Höltge, Jaqueline (2008): Überlegungen zur Bedeutung ehrenamtlichen Engagements. In: Produktives Altern und informelle Arbeit in modernen Gesellschaften. Wiesbaden: VS Verlag, S. 277-299.

Beck, Ulrich (1986): Risikogesellschaft. Auf dem Weg in eine andere Moderne.
Frankfurt am Main: Suhrkamp.

BMFSFJ (2011): Das Europäische Jahr der Freiwilligentätigkeit 2011 in Deutschland.   Online: http://www.bmfsfj.de/BMFSFJ/freiwilliges-engagement,did=
166870.html

BMFSFJ (Hrsg.) (2010): Sechster Bericht zur Lage der älteren Generation in der
Bundesrepublik Deutschland. Altersbilder in der Gesellschaft. Berlin: BMFSFJ.

BMFSFJ (Hrsg.) (2009): Zivilgesellschaft, soziales Kapital und freiwilliges Engagement in Deutschland 1999 – 2004 – 2009. Berlin: BMFSFJ.

BMFSFJ (Hrsg.) (2006): „Wandel gestalten": Internationale Aspekte des demografischen Wandels.   Online: http://www.bmfsfj.de/BMFSFJ/Service/Archiv/16-
legislatur,did=67156.html vom 31.05.2011

BMFSFJ (Hrsg.) 2005): Fünfter Bericht zur Lage der älteren Generation in der
Bundesrepublik Deutschland. Potenziale des Alters in Wirtschaft und Gesell-
schaft. Der Beitrag älterer Menschen zum Zusammenhalt der Generationen.
Berlin: BMFSFJ.

Böhnisch, Lothar (2008): Sozialpädagogik der Lebensalter. Eine Einführung. 5.,
überarbeitete Auflage. Weinheim und München: Juventa Verlag.

Bubolz-Lutz, Elisabeth (2000): Bildung und Hochaltrigkeit. In: Becker, Susanne;
Veelken, Ludger; Wallraven, Klasu Peter (Hrsg.): Handbuch Altenbildung. The-
orien und Konzepte für Gegenwart und Zukunft. Opladen: Leske + Buderich,
S. 326-349.

Bünder, Peter (2002): Geld oder Liebe? Verheißungen und Täuschungen der
Ressourcenorientierung in der Sozialen Arbeit. Münster: LIT Verlag.

Burzan, Nicole (2007): Soziale Ungleichheit. Eine Einführung in die zentralen The-
orien. 3., überarbeitete Auflage. Wiesbaden: VS Verlag.

Clemens, Wolfgang (2008): Zur „ungleichheitsempirischen Selbstvergessenheit"
der deutschen Alter(n)ssoziologie. In: Künemund, Harald; Schroeter, Klaus R.
(Hrsg.): Soziale Ungleichheiten und kulturelle Unterschiede in Lebenslauf und
Alter. Wiesbaden: VS Verlag, S. 17-30.

Clemens, Wolfgang (2004): Lebenslage und Lebensführung im Alter – zwei Seiten
einer Medaille. In: Backes, Gertrud M.; Clemens, Wolfgang, Künemund, Harald

(Hrsg.): Lebensformen und Lebensführung im Alter. Wiesbaden: VS Verlag, S. 43-58.

Clemens, Wolfgang; Naegele, Gerhard (2004): Lebenslagen im Alter. In: Kruse, Andreas / Martin, Mike: Enzyklopädie der Gerontologie. Bern, Göttingen, Toronto, Seattle: Hans Huber Verlag, S. 387-402.

DZA (2002): Pressetext Welle 2. Tätigkeiten und Engagement in der zweiten Lebenshälfte. Alterssurvey – Aktuelles auf einen Blick. Ausgewählte Ergebnisse. Pressetext. Online: http://www.dza.de/fileadmin/dza/pdf/AS_2002_Presse_Taetigkeiten.pdf vom 20.06.2011.

DZA (2008): Pressetext Welle 3. Materielle Sicherung. Online: http://www.dza.de/fileadmin/dza/pdf/AS_2008_Materielle_Sicherung.pdf vom 20.06.2011.

DSTATIS (2011): Ältere Menschen in Deutschland und der EU. Wiesbaden: Statistischs Bundesamt.

Embacher, Serge; Lang Susanne (2008): Lern- und Arbeitsbuch Bürgergesellschaft. Bonn: Verlag J.H.W. Dietz.

Engels, Dietrich (2008): Artikel „Lebenslagen". In: Maelicke, B. (Hrsg.), Lexikon der Sozialwirtschaft. Baden-Baden: Nomos-Verlag, S. 643-646.

Enquete-Kommission (2002): Bürgerschaftliches Engagement – auf dem Weg in eine zukunftsfähige Bürgergesellschaft. Enquete-Kommission „Zukunft des Bürgerschaftlichen Engagements" des Deutschen Bundestages. Online: http://dipbt.bundestag.de/dip21/btd/14/089/1408900.pdf vom 20.10.2010.

Erlinghagen, Marcel (2008): Ehrenamtliche Arbeit und informelle Hilfe nach Renteneintritt. In: Produktives Altern und informelle Arbeit in modernen Gesellschaften. Wiesbaden: VS Verlag, S. 94-117.

Fehren, Oliver: (2008): Wer organisiert das Gemeinwesen? Zivilgesellschaftliche Perspektiven Sozialer Arbeit als intermediärer Instanz. Berlin: Edition sigma.

Frankl, Viktor E. (1985): Man's Search for Meaning. New York, London, Toronto; Sydney, Singapore: Pocket Books.

Gabriel, O.W. (2002): Bürgerbeteiligung in der Kommune. In: Enquete-Kommission „Zukunft des Bürgerschaftlichen Engagements" Deutscher Bundestag (Hrsg.): Bürgerschaftliches Engagement und Zivilgesellschaft. Opladen, S. 121-160.

Gensicke, Thomas (2010): Zivilgesellschaft, soziales Kapital und freiwilliges Engagement in Deutschland 1999 – 2004 – 2009. Berlin: BMFSFJ.

Gensicke, Thomas (2006): Bürgerschaftliches Engagement in Deutschland. In: Bürgerschaftliches Engagament. Aus Politik und Zeitgeschichte. Heft 12, S. 9-16.

Hank, Karsten; Erlinghagen, Marcel (2008),: Produktives Altern und informelle Arbeit. In: Erlingahgen, Marcel; Hank, Karsten (Hrsg.): Produktives Altern und informelle Arbeit in modernen Gesellschaften. Wiesbaden: VS Verlag, S. 9-24.

Heinze, Rolf H.; Naegele, Gerhard: Einleitung – Demographischer Wandel in Deutschland. In: Heinze, Rolf G./ Naegele, Gerhard (Hrsg.): EinBlick in die Zukunft des Alterns im Ruhrgebiet. Berlin: LIT-Verlag, S.19-26.

Hinte, Wolfgang (2004): Wer braucht eigentlich die Bürgergesellschaft? Und wen braucht sie? In: Friedrich Ebert Stiftung (Hrsg.): betrifft: Bürgergesellschaft. Bonn, S.1-6.

Holz, G. : Engagement für von Diskriminierung und sozialem Ausschluss bedrohte Gruppen – Schwerpunkte, Formen, Barrieren. In: Enquete-Kommission „Zukunft des Bürgerschaftlichen Engagements" Deutscher Bundestag (Hrsg.): Bürgerschaftliches En-gagement und Sozialstaat. Opladen: 2003, S. 159-211.

Kade, Sylvia (2009): Altern und Bildung. Eine Einführung. 2., aktualisierte und erweiterte Aufl. Bielefeld: WBV.

Kade, Sylvia (2002): Bildung und Freiwilligenarbeit – Ressource von Engagement und Engagementförderung. In: Bundesarbeitsgemeinschaft Seniorenbüros (BaS): Grundsatzthemen der Freiwilligenarbeit. Theorie und Praxis des sozialen Engagements und seine Bedeutung für ältere Menschen. Stuttgart, Marburg, Erfurt: Verlag Peter Wiehl, S. 101-119.

Karl, Fred (2008): Generationen, ihr politisches Interesse und ihr Engagement. In: Aner, Kirsten; Karl, Ute (Hrsg.): Lebensalter und Soziale Arbeit. Ältere und alte Menschen. Hohengehren: Schneider Verlag, S.188-202.

Klie, Thomas; Krank, Susanne (2009): Bürger für Bürger – Bürgerschaftliches Engagement und die kommunale Altensozialpolitik. In: Bertelsmann Stiftung (Hrsg.): Initiieren – Planen – Umsetzen. Handbuch kommunale Serniorenpolitik. Gütersloh: Verlag Bertelsmann Stiftung, S. 247-256.

Klie, Thomas; Student Johann-Christoph (2007): Sterben in Würde. Ausweg aus dem Dilemma der Sterbehilfe. Freiburg: Herder.

Knopp, Reinhold; Nell, Karin (Hrsg. 2007): Keywork. Neue Wege in der Kultur- und Bildungsarbeit mit Älteren, Bielefeld.

Kocka, Jürgen; Brauer, Kai (2008): Langlebig, nicht alt. Die Gesellschaft braucht engagierte Ältere – beide profitieren. In: WZB-Mitteilungen, Heft 122, Dezember 2008, S.6-9.

Köller, Regine (2007): Zeit im Alter. In: Aner, Kirsten; Karl, Fred; Rosenmayr, Leopold (Hrsg.): Die neuen Alten – Retter des Sozialen?. Wiesbaden: VS Verlag, S. 127-142.

Köster, Dietmar (2010): Bildung im Alter als kummunale Aufgabe: Chancen einer alternden Gesellschaft. In: Bischof, Christine; Weigl, Barbara: Handbuch innovative Kommunalpolitik für ältere Menschen. Berlin. Eigenverlag des Deutschen Vereins für öffentliche und private Fürsorge e.V., S. 319-341.

Köster, Dietmar; Schramek, Renate (2005): Die Autonomie des Alters und ihre Konsequenzen für zivilgesellschaftliches Engagement. In: Hessische Blätter zur Volksbildung. Bielefeld: Bertelsmann Verlag. 55.Jg., Nr. 3, S. 226-237.

Kolland, Franz (2002): Ehrenamtliche Tätigkeit im Lebensverlauf. In: Karl, F., Zank, S. (Hrsg.). Zum Profil der Gerontologie. Kasseler Gerontologische Schriften Bd. 30. Kassel: Universitätsbibliothek, S. 79-87.

Kolland, Franz (2008): Lernen und Altern: Zwischen Expansion und sozialer Exklusion. In: Amann, Anton; Kolland, Franz: Das erzwungene Paradies des Alters? Fragen eine Kritische Gerontologie. Wiesbaden: VS Verlag. 2008, S. 196-220.

Kreisky, E.; Sauer, B. (1998): Geschlechterverhältnisse im Kontext politischer Transformation. In: Dies. (Hrsg.): Geschlechterverhältnisse im Kontext politischer Transformation. Opladen: Westdeutscher Verlag, S. 9-49.

Kruse, Andreas (2008): Perspektiven einer altersfreundlichen Kultur. In: Wahl, Hans-Werner; Mollenkopf, Heidrun (Hrsg.): Alternsforschung am Beginn des 21. Jahrhunderts. Alterns- und Lebenslaufkonzeptionen im deutschsprachigen Raum. Berlin: Akademische Verlagsgesellschaft, S. 345-359.

Kruse, Andreas; Wahl, Hans-Werner (2010): Zukunft Altern. Individuelle und gesellschaftliche Weichenstellungen. Heidelberg: Spektrum Akademischer Verlag.

Kruse, Andreas (2010a): Bildung über den Beruf hinaus – der Erwerb neuer und die Aktivierung bestehender Kompetenzen. In: In: Heinze, Rolf G.; Naegele, Gerhard (Hrsg.): EinBlick in die Zukunft des Alterns im Ruhrgebiet. Berlin: LIT-Verlag, S.198-215.

Kuckartz, Udo (2010): Einführung in die computergestützte Analyse qualitativer Daten. 3., aktualisierte Aufl. Wiesbaden: VS Verlag.

Mai, Ralf; Swiaczny, Frank (2008): Demographische Entwicklung - Potenziale für Bürgerschaftliches Engagement. Heft 126: Materialien zur Bevölkerungswissenschaft des Bundesinstituts für Bevölkerungsforschung.

Masjosthusmann, Anne; Reckert, Wilfried (2009): Handbuch „Seniorenvertreterinnen /Nachbarschaftsstifter für Gelsenkirchen". Gelsenkirchen. Internes, der Autorin zur Verfügung gestelltes Arbeitspapier.

Mayring, Phillipp (2002): Einführung in die qualitative Sozialforschung. Eine Anleitung zu qualitativem Denken. 5. Auflage. Weinheim, Basel: Beltz Verlag.

Mogge-Grotjahn, Hildegard (2010): Engagement als Ressource. In: Benz, Benjamin; Boeckh, Jürgen; Mogge-Grotjahn, Hildegard. (Hrsg.) Soziale Politik - Soziale Lage – Soziale Arbeit. Wiesbaden: VS Verlag, S. 368-385.

Munsch, Chantal (2005): Die Effektivitätsfalle. Bürgerschaftliches Engagement und Gemeinwesenarbeit zwischen Ergebnisorientierung und Lebensbewältigung. Hohengehren: Schneider Verlag.

Naegele, Gerhard (2010): Kommunen im demographischen Wandel. Thesen zu neuen An- und Herausforderungen für die lokale Alten- und Seniorenpolitik. In Zeitschrift für Gerontologie und Geriatrie. Gütersloh: Springer-Verlag, Heft 43, S. 98-102.

Naegele, Gerhard (2010a): Demografischer Wandel und demografisches Altern. In: Heinze, Rolf G./ Naegele, Gerhard (Hrsg.): EinBlick in die Zukunft des Alterns im Ruhrgebiet. Berlin: LIT-Verlag, S.33-60.

Nahnsen, Ingeborg (1975): zit. nach Glatzer 2007, S. 607.

Notz, Gisela (2008): Engagement(-politik) für ältere Menschen aus Geschlechterper-spektive. In: Aner, Kristin/ Karl, Ute (Hrsg.): Lebensalter und Soziale Arbeit. Band 6 Ältere und alte Menschen. Baltmannsweiler: Schneider Verlag Hohengehren, S. 231-242.

Olk, Thomas (2009): Bestandsaufnahme und Chancen zur Verbesserung der Integration von älteren Menschen. Nova Acta Leopoldina NF 106, Nr 370, S. 191-210.

Olk, Thomas (2002): Modernisierung des Engagements Älterer. In: BaS/ISIS: Grundsatzthemen der Freiwilligenarbeit. Theorie und Praxis des sozialen Engagements und seine Bedeutung für ältere Menschen. Praxisbeiträge zum bürgerschaftlichen Engagement im Dritten Lebensalter. Stuttgart, Marburg, Erfurt: Verlag Peter Wiehl, Band 13, S. 25-48.

Ortega, Angela Pilch (2010): Biographisierte Wir-Bezüge und ihre Relevanz für soziales Engagement. Eine kritische Momentaufnahme. In: Ortega, Angela

Pilch et al. (Hrsg.): Macht – Eigensinn – Engagement. Wiesbaden: VS Verlag, S. 81-97.

Reckert, Wilfried (2012): Seniorenvertreterinnen/Nachbarschaftsstifter in allen Vierteln Gelsenkirchens. Präsentation zur Auftaktveranstaltung zum „Europäischen Jahr für aktives Altern und Solidarität zwischen den Generationen 2012" am 06. Februar 2012 in Berlin. Gelsenkirchen.

Reckert, Wilfried (2005): Masterplan Seniorenarbeit Gelsenkirchen. Gelsenkirchen: Vorlage 04-09/1650 des Rates der Stadt Gelsenkirchen.

Reckert, Wilfried/ Sdun, Brigitte (2010): ,Ermöglichungsstrukturen' durch Kooperation und Vernetzung – Erfahrungen kommunaler Seniorenarbeit in Gelsenkirchen. In: Heinze, Rolf G./ Naegele, Gerhard (Hrsg.): EinBlick in die Zukunft des Alterns im Ruhrgebiet. Berlin: LIT-Verlag, S.219-230.

Rosenmayr, Leopold: Wer kann sich ändern? Über Kreativität im späten Leben. In: Aner, Kirsten; Karl, Fred; Rosenmayr, Leopold (Hrsg.): Die neuen Alten – Retter des Sozialen?. Wiesbaden: VS Verlag. 2007, S. 203-214.

Roth, Roland (2000): Bürgerschaftliches Engagement – Formen, Bedingungen, Perspektiven. In : Zimmer, Annette; Nährlich, Stefan (Hrsg.): Engagierte Bürgerschaft. Tradidionen und Perspektiven. Bürgerschaftliches Engagement und Nonprofit-Sektor. Opladen: Leske + Buderich. Band 1, 2000, S. 25-48.

Rüßler, Harald; Köster, Dietmar (2010): Wiederholungsantrag zum Projektvorhaben – Förderung an Fachhochschulen – Förderrunde 2010/Förderlinie: „Soziale Innovationen für Lebensqualität im Alter" (SILQUA - FH). Selbstbestimmt älter werden im Ruhrgebiet: Verbesserung der Lebensqualität im Wohnquartier – individuelle Teilhabe ermöglichen, Verantwortungsbereitschaft stärken, unterstützende Infrastruktur errichten. Dortmund.

Schaffer, Hanne (2009): Empirische Sozialforschung für die Soziale Arbeit. Eine Einführung. Freiburg im Breisgau: Lambertus Verlag.

Schenk, Herrad (2007): Der Altersangst-Komplex. Auf dem Weg zu einem neuen Bewusstsein. München: Verlag C. H. Beck oHG.

Schmidt, Roland (2004): Schwierige Lebenslagen. In: Tesch-Römer/Wahl (Hrsg.): Gerontologie in Schlüsselbegriffen. Stuttgart/Berlin/Köln: Kohlhammer Verlag, S. 54-60.

Schulz-Nieswandt, Frank; Köstler, Ursula (2011): Bürgerschaftliches Engagement im Alter. Hintergründe, Formen, Umfang und Funktionen. Stuttgart: Kohlhammer.

Stiehr, Karin; Spindler, Mone (2008): Lebenslagen im Alter. In: Aner, Kirsten; Karl, Ute (2008) (Hrsg.): Lebensalter und Soziale Arbeit. Band 6. Ältere und alte Menschen. Hohengehren: Schneider Verlag, S. 37-53.

Stiehr, Karin; Spindler, Mone; Ritter, Joachim (2010): Bildung. In: Aner, Kirsten; Karl, Ute (2010) (Hrsg.): Handbuch Soziale Arbeit und Alter. Wiesbaden: VS Verlag, S.321-330.

Stimmer, Franz (2000) (Hrsg.): Lexikon der Sozialpädagogik und der Sozialarbeit. München, Wien: R. Oldenbourg Verlag, S. 412-415.

Tesch-Römer, C. (2010): Soziale Beziehungen alter Menschen. Stuttgart: Verlag W. Kohlhammer.

Tews, Wolfgang (1999): Von der Pyramide zum Pilz. Demographische Veränderungen in der Gesellschaft. Funkkolleg Altern. Studieneinheit 4, Tübingen: Dt. Institut für Fernstudienforschung an der Universität Tübingen.

Thieme, F. (2008): Altern(n) in der alternden Gesellschaft. Eine soziologische Einführung in die Wissenschaft vom Alter(n). Wiesbaden: VS Verlag.

Voges, Wolfgang et al. (2005): Methoden und Grundlagen des Lebenslagenansatzes. Endbericht. Online: http://www.soziologie.uni-kiel.de/bergersozun/Voges _Lebenslagenansatz.pdf vom 10.01.2011.

Wahl, Hans-Werner; Heyl, Vera: Gerontologie. Einführung und Geschichte. Stuttgart: Verlag W. Kohlhammer.

Wahrendorf, Morton; Siegrist, Johannes (2008): Soziale Produktivität und Wohlbefinden im höheren Lebensalter. In: Produktives Altern und informelle Arbeit in modernen Gesellschaften. Wiesbaden: VS Verlag, S. 51-74.

Wendt, Wolf Rainer et al. (1996): Zivilgesellschaft und soziales Handeln. Bürgerschaftliches Engagement in eigenen und gemeinschaftlichen Belangen. Freiburg im Breisgau: Lambertus.